品嘗好書　冠群可期

企業不良幹部群相

成功秘笈①

黃琪輝・編著

大展出版社有限公司

戒惕、自省的工具——序言

怎樣才是企業的優秀幹部？市面上以這個為主題而寫的書，為數頗多，但是，針對「幹部不該有」的缺陷、弱點而寫的書，卻少之又少。

本書把重點放在：

●怎樣的幹部，有怎樣的缺點、弱點？

●幹部的無能作為，在何種場合出現？

除此之外，也對「如何才算是優秀幹部」，做了對比性的說明。

本書所指的幹部，以企業中的股長、課長、經理這些階層的管理人員為主。

全書共分三大章九十八項，把企業不良幹部所有的缺點、弱點，網羅殆盡。從這個角度來說，本書等於是「照妖鏡」。希望企業幹部以它為戒惕、自省的工具，朝夕研讀，若有類似的缺點、弱點，早日去除，早日蛻變成為優良幹部。

本書揭發的雖然是一些不良幹部、無能幹部的真面目，實則編者是出於一片苦心與善意。至盼苦口良言能發生良性作用，使不良幹部個個從善，為企業的發展竭盡全力。

目錄

第一章　不良幹部十大類型

第二章　不良幹部性格上的缺點

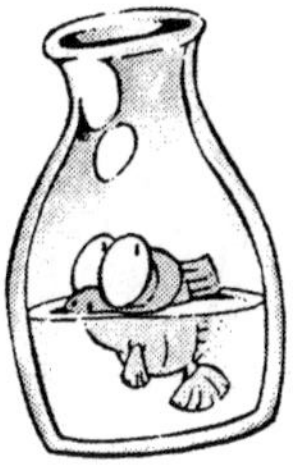

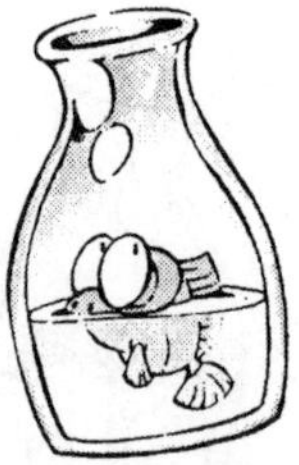

第三章　不良幹部的各種弱點

企業不良幹部群相

第一章　不良幹部十大類型

本章探討的是不良幹部的類型，也就是，從類型的觀點分析不良幹部的缺點。

幹部有各種類型，每一種類型都各有特徵，這些類型有好的一面，也有壞的一面。

他們的特徵，因場合與事體的不同，有時候就以令人激賞的方式出現，有時候就以令人不敢恭維的方式出現。

如果，以令人激賞的方式出現，上司與部屬會產生好感；如果，以令人不敢恭維的方式出現，上司與部屬都會產生反感。

若是經常以令人激賞的方式出現，上司與部屬就認為他是「優良型」，而歡迎他，信賴他。

若是經常以令人不敢恭維的方式出現，上司與部屬就認為他是「不良型」，而討厭他，排斥他。

本章的焦點放在：不良幹部在「何時」以「何種方式」會出現令人不敢恭維的一面，對此做深入的解剖。

1 BOSS（頭目）型——任何公司都有的「傢伙」

BOSS這個稱呼，有「頭目」、「頭兒」、「大阿哥」、「首領」、「老闆」等等的意思。在美國部屬對上司、老闆，慣用此一稱呼來表示對他們的親近感。

在這裡，是以「頭目」爲意義視之。換句話說，是指很像幫派中不得人望的「頭目」那種幹部而言。

所謂「頭目型」的不良幹部通常都有仗著權力的言舉，但是，也有一種是以低姿勢去籠絡部屬，打算藉此隨心所欲地帶動部屬。「頭目型」不良幹部的缺點，到底有哪些？且以他的特徵來說明個中詳情。

(1)萬能型（不聽部屬意見的傢伙）

有封建時代「朕與國家」那種觀念的不良幹部，又稱爲「權力型」、「獨裁型」。受社會民主化的影響，這一型的人物，表面上看來，比以前

大爲減少，其實，潛在權力型的企業不良幹部，還是多得超乎想像。

此類仗著權力行事的上司，雖然明知這麼做，不但不符時代潮流，道理上也說不過去，可是，由於感情上無法做到，因此，經常下意識地做出令人不敢恭維的行爲。例如：

- ●偏袒某部屬。
- ●若無其事地破壞規則。
- ●誇示權威。
- ●採取高壓態度。

由於知識與行爲，各走各的路，他本人對這渾然不覺，甚至還以爲自己是個「很民主的上司」，問題就出在這裡。

此型的不良幹部，亦被稱爲獨斷獨行者（One man）。進行某一件工作的時候，表面上，他也會徵求部屬的意見，但是，充其量那只是「形式」而已。論結果，他都堅持己見，且以強迫手法使之通過。因此，部屬們就想：

「唉呀！反正提什麼意見，只要不與他的意見相符，就無法通過，何

必開口浪費時間？」

於是，在會議上，個個箝口不言。這種觀念蔚爲風氣之後，部屬似乎就患上「絕症」。也就是說，起了「反正責任是在幹部與經營者，與我們何干？」的嚴重狀況。

如此一來，大夥兒就更三緘其口了。這些獨斷獨行的不良幹部，據此認爲：「我這些下屬，從來不提意見，實在缺乏進取心，太差勁了。」

由於想擰了，所以，決定一件事愈來愈獨斷。這就造成如下的惡性循環：

●獨斷獨行的不良幹部，使部屬一言不發。

●部屬的一言不發，造成獨斷獨行的不良幹部。

●獨斷獨行的不良幹部，助長了部屬無責任感的風氣。

●部屬的無責任感，更助長了不良幹部的獨斷獨行。

如此週而復始，不斷惡性循環。

萬能型不良幹部的另一個特徵是：

即令有些敢於直言的部屬，提出了某些申辯，他總是置之不理。

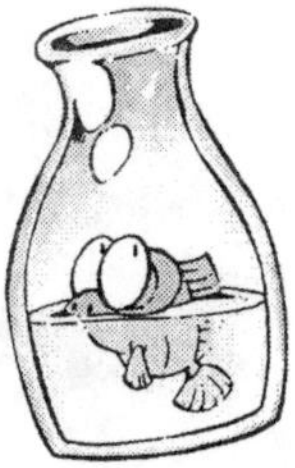

由於自己是萬能型的不良幹部，此一現象就成爲勢所必然。可要知道，部屬偶一爲之的申辯，對掃除部屬心中的「灰塵」，有精神衛生的作用。將它封死，部屬慾望難遂而聚來的不滿，一旦蓄積過多，總有一天，就有爆發的可能。不良幹部對此卻一無察覺，無異懷了一顆定時炸彈，危險之大，不言可諭。

(2)不用功型（凡事靠經驗的傢伙）

屬於此型的「頭目」，向來奉「經驗萬能主義」爲圭臬。他不但平時「不用功」（不吸收新知），凡事靠經驗，因此，從不看書，所以在業務方面毫無改善的意願。

不僅如此，當部屬提出改善意見，或有什麼提案，他總是不屑一顧，而且還不斷挑剔，無意接納。之所以如此，是由於平時不用功，本身沒有改善的知識與能力之故。

這些人當中的某些不良幹部，雖然從幹部訓練或是雜誌、書籍上，獲悉理想的幹部應該如何，心中描繪了那種「畫像」，卻由於自我反省的能

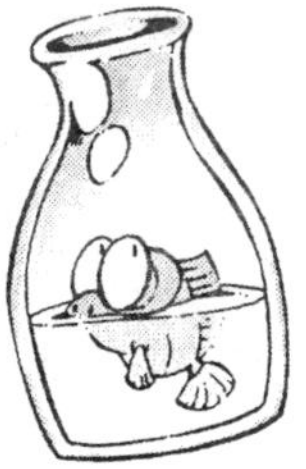

力大為缺乏，無法以此映照自己，致力於自我啓發，反而求之於上司或是別人。

結果是，人際關係為之混亂，他卻不知混亂的禍首是自己。屬於此型的不良幹部，不喜從事於改善工作，主要原因在於習慣了墨守成規，安於現狀，這就產生了如下的缺點：

●對新事物或是競爭性的事，總是裹足不前。

●無法揚幟「新鮮的目標」來激發部屬的潛能，因而使工作場所變得暮氣沈沈。

●無法接二連三的訂出有效措施，使部屬的工作效率，與日俱增。

●最糟的是，未曾察覺自己目前的知識與能力，已經走上陳腐之路。

時下這種工商社會，經濟情勢一日數變，處於如此的環境，原先的知識與技能，都很快就變成陳腐、落伍。據專家的說法，一年內，知識、技術、商品中的約莫一成，都變成陳腐無用。

技術革新一有進展，新的作法、新的工作、新的組織就應運而生，因此，原有的知識、技術（的全部或是一部份）也就派不上用場，新知識、

新技術就成爲萬不可缺。

無法跟上這種進步的幹部，除了無能化而落伍之外，別無他途。

(3)地盤佔有型（自我滿足的傢伙）

「頭目」型不良幹部對地盤佔有的慾望相當強（這也是「頭目」型特徵之一）。自己的地盤，不容別人侵佔一寸，要是有不識趣的人侵佔或是插嘴干擾，他就立即提出嚴重抗議，可是，自己卻肆意侵佔別人的地盤，蓄意擴張自己的地盤與勢力。

屬於此型的不良幹部，其缺點如下：

- 缺乏協調性、合作性，因此，容易引發種種麻煩，樹立敵人。
- 別人的忠言，對他而言，有若馬耳東風。
- 由於不聽忠告、意見，因此，容易孤立。
- 孤立就失去從別人吸收知識、經驗的機會，因而與時代脫節。
- 自己對這個事實卻一無察覺，蟠踞於「地盤」中，誇其孤高，滿足了自我而不知自省。

(4)施恩型（以情份壓人的傢伙）

這一類的不良幹部，有些是豪俠意味甚重的人。其特點爲：

●標榜溫情主義，很關懷部屬，但是自以爲這麼做是「施了大恩」。

●以這種心態，從事部屬管理。

●經常擺出：「跟我走就錯不了」的慷慨模樣。

●溫情過度的時候，常常以恩情、情義綁住部屬，侵害部屬的自尊。

●常常介入部屬的私生活，容易引起不以理智而以感情處理事情的弊端。

「施恩型」的不良幹部，其缺點爲：

●過於偏重人際關係，因而忘了正經事（例如，忘了工作的目的）。

●對極端討厭被情義束縛的年輕人來說，容易招致反效果。

時下的年輕人，雖然不否定情義的價值，但是，對施恩於人藉此懷柔的作風，都會一眼看穿其真意，因而非但不感恩，反而會產生抗拒心。

一般而言，部屬所信賴的上司，是在執行業務與人際關係方面，保持

某種平衡，將其能力發揮到最高峰的上司。

事實上，唯其如此，業績才會不斷提高，要是觀念上還停留在二十世紀，就無法在瞬息萬變的現代企業界從容應付，創出輝煌的成果。這一型的不良幹部，總有一種錯覺，那就是：

只要施恩於部屬，他們的業績就蒸蒸日上。他未曾想到，恩情、情義根本與業績發生不了絕對的關係。

那些善於使出「一切包在我身上」、「跟我走就沒錯」這一招的豪俠式幹部，其手法對管理二十人以內的年輕部屬（尤其是年輕女性），倒有一些效果，若是管理幅度及於更多的人數，或是教育程度較高的部屬，就全然無效。

不分對象，不辨素質，一律以死板板的一個原則去管理部屬，無異暴露了自己是無能的上司。

此類豪俠型的「頭目」，容易被善於賣弄小聰明的部屬，「反扭」而加以利用。可是，他卻不知部屬的企圖，把他們的話當做「單純」無比，因而給玩弄於股掌，自己還以爲無風無浪，天下太平。

(5)單純型（自以為受部屬尊敬的傢伙）

所謂單純型的不良幹部，意思是說：不會仗著權力，但是，成爲「理」字級（或是「長」字級）幹部之後，雖然並非支配者，卻心想：

「我成爲支配者」、「我成爲權威者」。

如此獨自沈醉於做「頭目」的滋味的管理者，就叫做「單純型」不良幹部。如果蒼蠅停在人的腦袋上，就意味那隻蒼蠅支配了那個人，若是有此想法，豈非可笑至極？

此型的不良幹部，就有類此的錯覺。因此，他認爲：

只要居高臨下地向部屬「吆喝」、「叫喊」，部屬就會衷心服從，聽令行動。而部屬之所以聽令行動，完全是有我這個人之故。

他根本沒有馭馬的能力，卻能夠騎在馬上，只是抓著轠繩，緊緊抱住馬首，不致於從馬背摔下來而已。他卻錯覺爲，是在馭馬而跑。因此，當馬毫無目標的竄跑，他就無計可施，把自己的無能，暴露無遺。他完全沒注意到這樣的事實：

●部屬並不是受命而工作；也不是受上司的支配而工作。

●不管上司在不在，或是有沒有下令，部屬對崗位上的工作持有的觀念是：日常業已定形的工作，是非做不可的工作，與上司在不在，或是有沒有下令，完全扯不上任何關係。

●部屬往往也朝著不該走的方向而去。

世上有很多大人物，別人說不出是爲了什麼，總覺得他有格外吸引人的魅力，可以如手使臂地左右人心。

他們的特點是，從來不想左右人心。但是，他那極其自然的言舉，素懷淡泊的人品，卻足以感化別人。

自以爲是當了支配者的「單純型」不良幹部，不明此理，因此，從不爲具備這種人品而下功夫。由於他一意要善於運用、帶動部屬，以此觀念去運用、帶動部屬，因此，反而無法如手使臂地發揮「令下必行」、「令出必動」的效果。

地位並不是權力，但是，多數「單純型」不良幹部卻認爲地位就是權力。問題就出在這裡。

2 高材生型——惑擾部屬的人物

每家公司都有如下的高材生型幹部。

●了解公司的經營方針，且爲它的實現而孜孜努力。

●責任感很強。

●事事以身作則。

這樣的幹部，當然贏得經營者的賞識，被列爲公司「傑出」管理者之一。但是，此型堪做模範型、理想型、標準規格型的高材生型幹部，且取信於經營者，論及他作育部屬的手法，就頗有令人不敢恭維的地方。

從工作場所的實際表現看來，那些被視爲幹才的高材生型幹部，他們轄下的部屬，少有以一當十的精銳型人才。也就是說，在培育精銳方面，他們的表現並不佳。

與此相比，看來似乎放任、單調的幹部作育出來的部屬，反而精銳輩出。這是什麼道理？那些看似無懈可擊的高材型幹部，由於對作育部屬抱

有強型的責任感，因此，時時在下意識中採取各種方法來指導。

就爲了責任感太強，一意求好，往往忘了部屬的立場，很容易陷入幹部本位的指導方式，因而招來事與願違的結果。

他們的另一個缺點是：

對研習會或是企管書籍中學來的知識，囫圇吞棗，以這種「教本式」的方法，硬板板地施加於部屬身上，因此，與被作育的部屬所期待的產生了格格不入的現象。

由此而來的作育效果，當然與高材型幹部料想的相去十萬八千里。之所以如此，是由於高材型幹部疏忽了一些重要的事實。

部屬的能力，並不是上司教過、指導過，就能開發出來。這就是說，能力的開發，有賴部屬本身的學習，反而多於上司的指導。

一個人的能力，在怎樣的情況下才被開發？扼要而言，有下列四端：

(1)自己擬定工作的計劃。

(2)自己管制自己。

(3)耗費一番心血，執行某項重大工作。

(4)傾赴全力，從事工作。

部屬的能力，在這些情況下，才有可能被開發出來。也就是說，由於上司（管理者）的指導而開發的成份，頂多只佔了兩成以下。在這個開發的過程中，幹部到底要扮演什麼角色？

答案是：爲部屬造出容易開發能力的工作環境。

換句話說，幹部要做到：

●決定每一個部屬做哪些工作。

●決定在哪些範圍內，容許部屬全權負責。

但是高材型幹部卻誤以爲：作育部屬，只受幹部的直接教育所左右。他們未曾察覺，開發能力的關鍵在於「被作育的一方必須付出意願來開發自己的能力」。

由於遺漏了這個大原則，因此，經常以「教本式」、「規格式」的強制性指導方式（幹部本位式），加在部屬身上。

高材型不良幹部對自己這種作法至感滿足，因此，經營者心目中的「優良幹部」，就此恒難作育精銳，企業的戰鬥力也就爲之大打折扣。

3 官僚主義型——規則至上的冷面孔

將個人以及人爲判斷的餘地，減到最低限度，只以法則、規則、章程來推動部屬去工作的上司，叫做「官僚型」幹部。

這種作爲，對無能的上司而言，至爲稱便。

因爲，一切都依照規程辦理，對一個只知明哲保身的消極、無能的幹部來說，此事最爲稱心。

此一類型的不良幹部，其特徵爲：

●對某一件事是非的判斷基準，並不求之於那件事本身，只知套在制度上去判斷。

●因此，某一件事即令很有實行的價值，只要不合乎既有的制度，只好束之高閣，不聞不問。

●而一味對那個制度設置的用意，從不深入探究，如果有人提出某種有力的理由，總是以「制度如此，礙難照辦」爲擋箭牌。

一味從這種官僚主義，過度依賴制度的作爲，殊難產生有血有肉的新知識，以及嶄新突破的創意，這是至爲明顯的道理。

幹部本身也由於觀念的僵化，日趨無能，整個部門也就陷入「多一事不如少一事」的消極局面。

影響所及，使企業組織患上嚴重的動脈硬化症，招來企業的衰亡。不管如何，過度依賴制度，可視之爲無能幹部掩飾無能的「隱身衣」。

企業規模越大，各種制度也應運而生，這是極自然的現象，但是，也有可能使制度萬能主義，蔓延開來，而官僚型的不良幹部也就隨著大增，這是不能不防範的現象。

制度自有它的好處，但是，過猶不及。好的制度必須徹底執行，但是有違時代潮流的制度，必須隨時加以修改，或是變通運用，絕不能「持一不變」，冥頑不靈。

4 濫用特權型——自毀規則的傢伙

身為上司（幹部），往往有某些一般部屬所無的「特權」。一些企業就規定位於某些職位的幹部，可以不受某些管理規則的管制。例如：

- 上下班無須打卡。
- 因公可以隨時外出或早退。
- 不受一天上班八小時的規定所限制。

此一制度的最大用意，在於使幹部得以自由行動，應付各種局面。但是，某些不良幹部卻誤以為那是一種「特權」，於是，為了私事而不守上下班時間，或是外出、早退，公私未分，引起部屬的非議、不滿。

身為幹部，應該有自我管理的能力才對，因此，企業為了期待他們發揮潛能，不以一般部屬視之。給以無須打卡等等的權力，目的是在：不於時間上限制了他們的行為，好發揮統御、管理的潛能。

不良幹部卻認為有機可乘，「濫用特權」以利自己，產生下列現象。

●盤腿傲然坐於部屬頭上。

●自己從不工作，將所有的事都推給部屬。

●對教育、作育部屬之事，從不付出心力。

●忘了職務上應負的責任，只以擁有氣派十足的辦公室爲榮。

●部屬又不是傻瓜，對這樣的上司當然一無好感，進而討厭他，輕視他。由此造成帶動不了部屬，業績低迷或是大降的結果，整個部門被迫陷入困境，連帶地影響了企業的效益。

其實，有爲的幹部，他的所言、所爲，無不爲部屬樹立最佳典範爲依據，因此，以「上下班無須打卡」的權力而言，他的作風應該是：

●早上，比一般部屬提早上班。

●下午，比一般部屬慢下班。

●以此顯示：「我雖然有上下班無須打卡的權力，仍然如此地賣力工作」的精神，藉此養成「部屬更應該嚴守規則」的觀念。

對這一點毫無體認，而誤以爲「無須打卡」是可以濫用的特權，這種幹部無以名之，只能稱之爲「沒資格的上司」了。

一位經營顧問師曾經收到一封信，這是某工廠一位工人寫的：

「……我服務於○○鐵工廠。由於大家都不遵守安全規則，實在有礙於作業，因此，曾經私下協定各人要自動遵守安全規則。無奈，協定歸協定，到頭來大家都又放鬆了。歸根結底，這是歸咎在幹部們自己不守安全規則……。到底有什麼辦法可使幹部們也能遵守工廠安全規則？」

在這樣自毀原則的不良幹部之下做事，部屬怎會遵守規則？怎會產生高效率呢？

5 暴君型——誤會斯巴達式教育的真義

所謂暴君型，是指行爲有如秦始皇，或是尼羅皇帝（Nero Claudius Caesar Augustus Germanicus 37～68，羅馬帝國第五任皇帝，以殘忍、淫蕩聞名的暴君）的不良幹部而言。

此型不良幹部的特徵是：

●該教給部屬的事並沒有教，卻責其不做而加以懲罰（不教而罰）。

●事先不教部屬「怎樣的事不能做」，直到部屬做了才說「不該做這種事」而加以處罰。

●事先不教部屬有哪些規律，等到部屬犯了就說「你違反了規律」而加以處罰。

●事先不明告「權限的範圍」，等到部屬越權就說「你做了超越權限的事」而加以處罰。

●事先不明告「工作期限」，事後才罵說：「超過期限」、「效率太差」。

當部屬申辯說：「這種事，事先我並不知道，您也沒教我。」他就反唇相譏：「這種事還要教呀？這是常識，動一動腦筋就該知道。」

他還以為自己實行的是斯巴達式教育，由這裡充分顯示了他無能的真面目。在這種不良幹部之下的部屬，只會產生如下的現象：

●鬥志萎縮。

●不敢放手做事，能力大受限制。

●業績只會直線下降。
●部屬的不滿，累積日久就會爆發。

6 糊塗型——傻瓜蛋一條道跑到黑

有這麼一個笑話。

一個吝嗇成性的爸爸，教訓他那傻瓜兒子說：「如果，鄰居向我們借雨傘你就說，我們家的雨傘變成四分五裂，派不上用場。」

一天，鄰居來他的家，說：「唉呀！老鼠晝夜出沒，煩都煩死了，借用你們家的貓，好不好？」

傻瓜兒子答說：「我們家的貓，變成四分五裂，派不上用場。」他的爸爸事後訓他說：「唉呀！這時候你該說，貓吃壞了肚子，隨地便溺，派不上用場呀！」

有一天，隔壁一位伯伯，派人邀請傻瓜的爸爸去下棋，傻瓜就說：「

我爸爸吃壞了肚子，隨地便溺，派不上用場。」

這叫做「傻瓜蛋一條道跑到黑」。

在企業中就有類此的不良幹部。下面就是幾個例子。

●聽說，讓部屬多方參與，才能激發部屬的創意與工作意願，他就立刻付諸行動。於是，「一天到晚都在開會」，打算從中擠出部屬的創意、工作意願。

●有人告訴他部屬的指導方式應該如此這般，他就對工作熟練者一律施以同樣的指導方式，還自以爲指導成功而沾沾自喜。

●有人告訴他，拍一下肩膀，笑一下，對激勵部屬是一種很管用的訣竅，於是不分男女，一律實行這個方法，因此，引起一些女部屬的反感，大夥就傳：

「我們這位上司，有點色迷迷的樣子，亂拍人家的肩膀，還笑一下，叫人不由得渾身起雞皮……。」

眾多部屬之中，有些人被上司拍了肩膀，就喜不自勝，有些人卻認爲太肉麻。

以說笑來說，部屬對笑話的反應也是不一。有些人會覺得一點也不可笑，有些人則笑成一團。

以教育訓練來說，有些部屬領悟力極高，有些則遲鈍得無以復加。如果，不辨個中差別，一律以同樣的方式教育、訓練，那就宏效難期。

以領導方式而言，即會認爲「跟我走就沒錯」，或是「斯巴達式教育」的方法或可行得通，也不能忽略了人數、教育程度、年齡、性別等等的差異，而施以劃一的教育、訓練。

因爲，這麼做一定招來一些部屬（或是眾多部屬）的反感，產生不了預期的效果。

以目前這種經濟情勢一日數變的時代來說，由於價值觀也多樣化，誰也不敢誇下海口說出「唯有這個方法最爲管用」的話。

例如，在景氣一片大好的時候，就該採用何種領導方式，在不景氣的時候，又該採用何種領導方式，必須有針對景況的方策才對。

要是凡事劃一，想藉此帶動部屬，那就難免受到「糊塗型不良幹部」之譏。

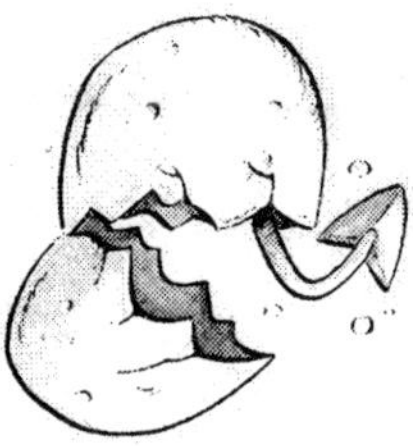

7 小心翼翼型——披了模範上司的外衣

任何企業裏都有只知小心翼翼，爲保全飯碗而「孜孜不倦」的不良幹部。這種不良幹部的特徵是：

●從來沒想到如何照顧部屬，只一意保住自己的地位。
●對自己在企業內的風評，始終掛慮不放。
●上班比一般員工要早，下班也比一般員工要慢，看似標準的上司。
●自以爲嚴守上下班的時間，對部屬也如此嚴格要求，一切工作就能進行得順順當當。
●爲了保身，犧牲部屬的利益亦在所不惜。

在這樣的幹部下面做事，部屬只要守著某種形式，工作內容則保持「說得過去」，就算天下太平。在這種不良上司之下的部屬，即令努力多少年，也不可能進步，也不會有出人頭地的一天。

此型幹部由於不屑於作育部屬，真正有才幹的部屬，都會陸續求去，

他本人卻對此無所察覺，還背地裡數落他們說：

「唉！現在的年輕人，真是太浮躁，不肯專心。」

或是說：

「就會說歪理，實力倒是零。」

「只想輕鬆工作而賺大錢，天下哪有這麼便宜的事？真是的！」

換句話說，他只會數落部屬的不是，對自己則絕少「捫心自省」。此型幹部，由於凡事小心翼翼，犯了神經質的毛病，因此，對部屬的工作不斷干擾、下令。

他的部屬受此干擾，久而久之，也會犯了神經質的毛病，無法在安安穩穩的情緒下工作，要他們效率大進，當然是一種幻想。

8 依附型——幹才意識特強的上司

沒有自己的主見、信念，事事依附於上司或是部屬的幹部，就是「依

附型」不良幹部。此型不良幹部的特徵是：

●凡事不敢作主，一一向上司請示，而後依照上司的意思行事。

●凡事聽從部屬的意見，然後，依照部屬的意見，任其行事。

●依附在上司或是部屬身上，拼命抓住他們，以免被摔下「受傷」，因此，缺乏魄力、毅力，難當大任。

●起初，部屬還認爲他是位民主型的幹部，但是，日子一久，馬腳盡露，部屬就打從心底輕視他，甚至來個窩裡反。

此類型不良幹部，犯了這樣的大毛病：

●對自己的職位，工作毫無信心。

●推動任何工作，都沒有一定的方針，重心游移，難有大成。

●不屑於求取新知，觀念、手法都落於人後。

妙就妙在，自己明明是靠爬蔓而垂懸的葫蘆，有些此型的不良幹部卻錯覺爲，是葫蘆在支撐那些爬蔓，說來可笑之至。幹才意識特別強烈的幹部當中，頗多此類型不良上司，而且數目之多，超乎想像。

9 公私混淆型——這種上司要及早避開

公私不分的不良幹部，爲數頗多。例如，把部屬當做「佣人」，毫不客氣地爲私利而役使，還認爲那是理所當然。譬如故意在部屬面前說：「這個星期天我要搬家。」或者：「週末，我們家要大掃除。」

部屬一聽，礙於「情面」，不得不說一聲：

「那好，我樂意（？）去幫忙。」

當然，部屬之中也有馬屁精、巴結蟲，欣然前往幫忙者，但是，絕大部份的部屬，都是「勉爲其難」，心裡卻大罵不停。這就使部屬難得的週末、假日，一下子化爲「勞動服務日」，往往由此引發家庭糾紛。

以公家的錢使用於私用，也是常見的事。例如，明明是宴請家屬、朋友，與公事搭不上關係，卻以「應酬客戶」的名義報帳，這也是此型不良幹部慣用的手法之一。

某公司一個不良經理，甚至爲了調查女兒相親的對象到底有無問題，

所立名目，以公費支出調查費用。這種行爲，荒謬絕倫，可惡至極！

此型不良幹部的共同點是：認爲，公私混淆是幹部的特權。

而他之無藥可救，就在自己未曾察覺此類行爲，已經給了部屬極壞的影響。他的無德、無能，在此表露無遺。

私怨公報，例如，某個部屬經常頂撞他，實在看不順眼，他就將部屬的職位降低，以此報一箭之仇，這也是公私混淆的一例。

與自己有親戚關係的部屬，就另眼相看，破例提拔等等，也是此型不良幹部敢於一爲之事。

10 唯唯諾諾型——上司面前抬不起頭的傢伙

上司的意見、命令，有時候並不一定全對。面對如此局面，有爲的幹部就爭所該爭，言所該言，據理力爭，堅持不讓。但是，有些幹部由於說服力太差，或是魄力不足，總是唯唯而退，事後才不斷嘀咕說：

「真糟糕，這件事叫我如何處理？」

但是，已經在上司面前答應過，不做又不行，於是只好「勉爲其難」地去動腦筋。動怎樣的腦筋因人而異。大類分別下列三種：

(1)強制型：以居高臨下的高傲態度，說是上級的命令，硬叫部屬奉命行事，絕不考慮是不是行得通。

(2)苦苦哀求型：向部屬說明「窘境」，千乞百賴，叫部屬一定要看在他的面上，執行上級的命令。

(3)回頭訴苦型：若是部屬群起反對該方案之實施，他就回過頭來找上司，極訴苦之能事，請上司撤銷該項命令。

不管是哪一種，我們都可以斷言，他是個無法從正面以堂堂之風，說服上司、部屬的無能幹部。

此型不良幹部，由於既無自信，復無信念，極端害怕損傷了上司的情緒，因此，絕對不敢正面與上司唱反調，他總是認爲維持「唯唯而退」的作風，飯碗才得以保全。可哀復可嘆的是，他似乎未曾察覺，上司對他這種貨色，並不信賴的事實。

第二章　不良幹部性格上的缺點

本章探討的是不良幹部由性格而來的各種缺點。

性格與類型一樣，林林總總，不一而足，其中也有長處，也有缺點。

性格就是個性，在何種場合使出何種個性，它就或者成為長處，或者成為缺點，出現在一個人身上。

例如，拿急性子來說，在務必深思之後才能行動的場合，就以缺點的面貌出現。

若是在務必快速處理事情的場合，它就以長處的面貌出現。個性若在適合事情、場合的狀態下出現，也與類型一樣，被部屬尊敬為他是一位好上司，被上級視為有才能的幹部。

若是反其道而行（個性在不適合的事情、場合的狀態下出現之時），他就被部屬、上級當做惹人厭的性格，而遭到唾棄。

本章就從這個角度，分析一個不良幹部的性格，在何時以缺點的方式出現。

1　思考力低弱的幹部——毫無創造性的傢伙

有人說，此後的企業必須借重思考力，因此，稱現在爲思考時代也非言過其詞。不錯，對管理者而言，這是非有高度思考力不可的時代。

事實如何？很多幹部，思考力低弱，懶於深思熟慮，這倒是值得警惕的事。所謂思考力低弱，包括了下列各種情況：

(1)即使開始思考，也缺乏毅力，無法思考到底，探索到底。

(2)稍微思考就說：「好了，我全懂了！」

也就是說，對思考的事只做一知半解的了解後，就「喊停」，不肯做全盤性的發掘。

(3)拘於過去的經驗或是觀念，因此，思考方式固定未變，思考的結果也毫無新見可言。

(4)遇到思考上的瓶頸，也不會改變觀點，從另一個角度去思考，以求突破。

(5)缺乏邏輯性思考力。

(6)缺乏抽象性思考力。

(7)缺乏求知慾望。

(8)毫無研究，探索的熱忱。

(9)問題意識等於零。

(10)看一件事只知「眺望」而已，再也跳不出這個範疇去另做思考。

以上所言，就是思考力低弱的人共有的特點。他們缺乏：

●思考的習慣。

●思考對他來說是一件苦差事。

安於日常例行的工作中，因而無法使創造力傾巢而出，所言所爲，都無新鮮、突破的意味。

此類型管理者，由於本身缺乏創造力，無法激發部屬的想像力，更不可能對部屬提示新的目標，因此，也可以說是指導無術。通常，這一型的幹部由於只會思考眼前具體的事項，因而難使獨創性的見地，如噴泉般噴湧四出。

在競爭如此白熱化的工商界，缺乏思考力就難以挺立不倒。因爲，智囊團也好，企業計劃小組（Progect Team）也好，情報處理也好，無不需要抽象的、系統的思考。

今後的幹部，務必訓練自已習慣於抽象的思考，否則，他就淪爲不良幹部，成爲企業界的落敗者。

2 缺乏包容力的幹部——好惡之心形於外的傢伙

所謂包容力，就是指良莠兼吞的氣度而言。那些自許爲幹練的上司當中，缺乏包容力的不良幹部爲數頗多。包容力是身爲幹部的人絕不可缺的能力之一。缺乏包容力，通常是指下列情形而言。

⑴沒有包容的能力。

簡單地說，他喜歡或是討厭一個人，他就露骨地把他的心情，形之於外。有時候，他是以神色來表達這種好惡，有時候是以舉動來表達，有時

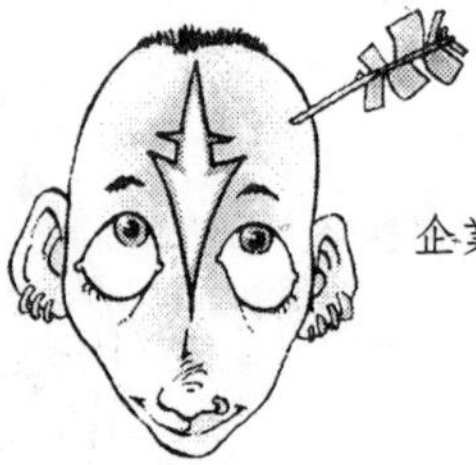

候是形之於言。例如，他會說：

●「他只會說歪理，而且好辯，實在令人討厭。」

●「他呀！就是連最起碼的恭維話也不會說，真是差勁。」

●「那個傢伙，瞧他說話的模樣，就叫人作三日嘔，實在叫人感到不順眼。」

這樣的上司，一定會犯了下列的毛病：

A、不可能對部屬一視同仁。

B、無法活用部屬不同的長處。

(2)不接納別人的意見。

爲了顧及面子，絕不接受別人（尤其是部屬）的意見。別人反對他的意見，他就當做對他懷有敵意，懷恨在心，伺機報復。好友、上司的忠言，他都當做馬耳東風。

(3)不接受變化。

處於時下這種經濟情勢烈變化的時代，身爲企業型的幹部，應該具有接受變化、應付各種變化的心態。

但是，此型不良幹部卻硬不接受這種變化。他不是囿於過去的經驗，就是憑其感情的好惡，而堅拒應有的變化。他的腦袋因而僵化，無法適時應變，註定成爲一個落伍者，也成爲企業發展的阻礙者。

3　沒有毅力的幹部——令部屬悶悶不樂的傢伙

完成任何工作，毅力是萬不可缺的條件之一。但是，每個企業中都有不少這樣的不良幹部：

(1)引進某種新作業方法的時候，如果試行一次而效果不彰，他就立刻半途而廢。他不會在試行數次當中，運用逐漸化除困難，補救缺點等等手法，以求最後的成功。也就是說，稍遇麻煩就立刻罷手，耐力毫無。

(2)遇到困阻就洩氣，缺乏愈挫愈厲的精神。

(3)情況很難預料，或是兆頭不妙，他就立刻放棄，無意堅持初衷。

(4)稍一受挫就放棄不幹。

(5)有些部屬無法如意帶動，有些部屬，業績遲遲不進，他就無意耐心作育的，立刻給部屬蓋上「那個傢伙不是人才」的烙印。

(6)有益的書籍，只讀到一半就放棄，無意看完以求全貌，化爲自己心智的營養。

這些幹部，沒有常性，缺乏貫徹的韌力、耐力、毅力，因此不能成大事。一個部門如果交給這樣的幹部去管理，註定一無成果，反而爲企業帶來諸多障礙。

此類型幹部最容易犯的大毛病是，當部屬即將完成一件工作的時候，突如其來地令其中止，害得部屬鬱悶難遣，怒火中燒。不斷繼續這種窩囊事，部屬就喪失完成一件事的意願，等於扼殺了部屬的進取心。

4 消極成性的幹部——給部屬帶來困惑的傢伙

積極，是對工作挑戰的一種精神，更簡單地說，就是進取、奮鬪的意

願。缺乏積極性（也就是消極成性）的幹部，有如下的共同點：

- 滿足於現狀。
- 缺乏勁力、決斷力。
- 沒有一決勝負的競爭心。
- 無意奮起領導。
- 失去挑戰的目標。
- 執行力很差。

此類型不良幹部的特點是：「聽令行事」。也就是說，絕不自動起而挑戰。一般而言，幹部都有相當程度的權限。而這些權限之所以委託給幹部，目的是要幹部做以下的事：

(1)由於負有相當程度的責任，常常遇到必須立刻應變的局面，為了使幹部能隨時應變，採取適當措施，才把權限委給幹部。

(2)身為幹部，既有如此的權限，就該盡量使用此一權限，平時就要觀察、分析這些變化，採取適當措施。

(3)事先就要擬好一些執行方案，順著企業的方針、部門的方針、上級的方針，創下企業、部門、上級所期待的業績。

但是，消極成性的幹部卻徒擁權限，上級沒有命令，他就按兵不動。下面是在某企業內部，經理與課長會話的片段。

經理：「生產量到目前爲止，突然下降，這麼一來，生產計劃豈不整個亂了？」

課長：「請假的人大量增加，還有疲勞過度也成爲生產量降低的原因之一。我覺得不能再加以任何壓力，只好維持現狀，過一段日子再說。」

經理：「噢！怎麼事先沒想到會有這個局面，及早防備呢？」

課長：「想是想到了，但是，一直想不出理想的計策……所以……」

經理：「身爲生產課長，怎能如此消極？立刻想出對策，挽回這個頹勢啊！」

此類型不良幹部，平時到底在幹些什麼，實在令人費解。他所犯的錯誤是：

●不知（或是知道而不在意）公司的方針。

●對上級的方針也一無了解。

●對自己的課以及整個公司的現況，到底如何，也毫無關心。

●自己的課，會發生怎樣的問題，事先都毫不警覺。

●不以看全局的眼光去觀察目前自己的課，是不是處於正常狀態。

●只知得過且過，隨著時間過日子。

把幹部職位交給這種不良幹部，倒楣的是公司。因爲，消極的作風有如傳染病，很快就使部屬也受其感染，一個部門的戰鬪力就此喪失殆盡公司蒙受的損失，可就筆墨難喻了。

5　無勁的幹部——弱將之下產生了弱兵

無勁通往無能之路。每一個公司都有無勁的不良幹部，而且數目絕非少數，此一現象值得重視。

無勁是幹部的大敵。幹部若是無勁，部屬也變得有氣無力，而弱將之下，不可能有強兵，這才是糟糕透頂的事。

當一個人變得無勁，對肉體的影響是不用說了，他的情緒、精神都大受影響。這主要是來自「精神力」不足。氣即精神，無勁即無精神。

不良幹部的無勁，通常以下列方式出現。

(1)稍受衝擊就立刻想：「萬事休矣。」由於失望、頹喪，無意向那個衝擊來個挑戰。

(2)面對困阻，一開始就喪失勇破難關的精神，或者還沒做就自認爲「難以挽回」。也就是說，仗還沒打就想溜走。

(3)缺乏持續力，容易產生疲累感。

(4)身體稍微不適就想休息。

(5)茫然感到目前的工作沒有前途，想辭職了事。

(6)早上起床之後就覺得渾身不適，對上班感到極爲討厭、乏趣。

(7)應該向部屬提醒某些事，但是，想歸想，總是說不出口，或是三延四拖，把它忘了。

(8)自己有某些意見，但是，在上司面前，或是會議席上卻說不出來。

(9)無法反駁別人的意見，因此，只能隨波逐流，心裏又老是爲這感到

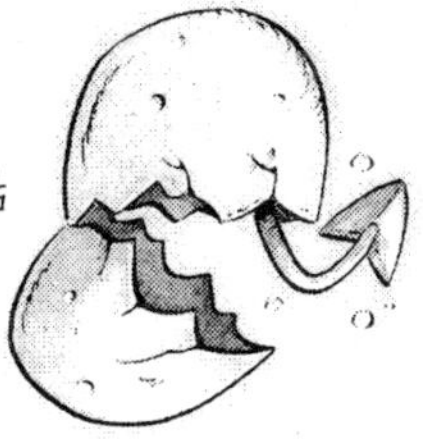

窩囊。

⑽缺乏執行力。

人之所以無勁，往往由於與生俱來的性格，或是出生地的環境使然。但是，主要原因還是在，某次的失敗帶給他喪失自信，成爲「鬪敗的雞」之故。

無勁這個缺點，只要有意矯正，當可達到目的，但是，問題就在想矯正卻不起而踐行。無勁幹部之所以無勁，原因就在這裏。

上司若是無勁上司，他的部屬就覺得毫無安全感，對他不敢依賴，因此，都想另尋其他有力的上司，造成對目前的上司離心的結果。

6　沒有決斷的幹部——令部屬發火的傢伙

一位剛進入某企業的青年，對他大學時代的企管教授訴苦說：

「我那位上司，缺乏決斷力，因此，常常遲遲不下決斷，害得公司貽

失商機。看到那個情形，實在叫人耐不住要發火……。」

此類型不良幹部，所在皆有。當您向他請示：

「我打算這麼做，經理可有其他高見？」

或是以書面提案，他總是答說：

「好吧！讓我研究研究再定奪。」

可是，事過數週，他還是遲不下決定。一拖再拖之後，時機逸失，再好的提案，也變成百無一用，那個部屬等於白費了一番心血。

所謂沒有決斷力，原因是在：

●缺乏自信。

●缺乏正確判斷情況的能力。

●猶豫成性，因而難下決斷。

缺乏決斷力，等於缺乏執行力。決斷，是執行的前提，因此，缺乏執行力的人當中，之所以頗多缺乏決斷力的人，其因在此。當您必須從甲或是乙，A或是B當中擇其一，這就是逼您決斷的時候。

身爲幹部，被逼而必須下決斷的機會相當多。這種機會次數，因職位

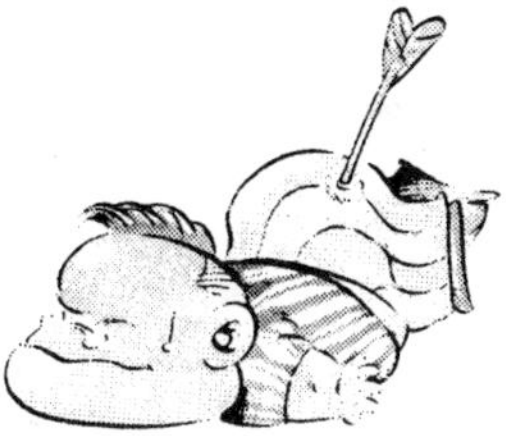

而異。大致說來當如下述：

●經理級：日常工作中的五〇%。

●課長級：日常工作中的四〇%。

●股長級：日常工作中的三〇%。

比率如此大的「工作」，而無法隨時下適切的決斷，這種幹部就被看成優柔寡斷，稱他爲無能幹部，也不算過份。此類型不良幹部，多數都是由於性格上的缺點，才有這種結果。

7 缺乏實行意願的幹部——害怕失敗的傢伙

有一種幹部，每當要實行某一件方案（或是工作），就搬出一火車的歪理，阻止該項方案的實行。之所以如此，原因不只一端，其中之一就是：「意願不足」。

實行的意願不足，意思就是「不願意實行的慾望」比「實行的意願」

更爲強烈。一個人在起而行動之前，心中總是有兩種慾望在交織，這兩種慾望就是：

(1)「起而行動」的慾望。

(2)抑制「起而行動」的慾望。

當後者的慾望強過前者，實行力就受到阻撓。

實行的慾望之所以不足，問題是在，對該項事情的重要性、必要性的認識，以及目的意識等等，缺乏強烈的「動機」。動機太弱，當然無法產生「引發」的力量。例如：

●不起而實行，公司就蒙受莫大的損害。

●不起而實行，自己會被炒魷魚（革職）。

●不起而實行，薪水就無法增加。

有這些足以影響自己前途的原因時，一個領薪人的行動意願就隨著升高。若是不起而實行，對大局（公司的，以及個人的）也毫無影響，這時候，他就想：

「何必那麼勞累？打馬虎眼算了！」

這是人之常情。又如：

●出人頭地的慾望至爲強烈時，一個人就會奮力拼鬪，打算被肯定其價值，使出人頭地的慾望，得以遂行。

●出人頭地的慾望低弱時，由於滿足於目前的職位，他就無意耗心耗力去奮鬪。

●有些人，甚至爲了害怕失敗，而遲遲不敢行動。

不管如何，缺乏實行意願的人，一定是對實行之事缺乏決斷力所致。很多此型不良幹部，就是由於優柔寡斷，而自設實行的障礙，此一現象，不容忽視。

8　注意力不足的幹部——常常下錯命令的傢伙

工作場所的失敗，通常責任都被說成「歸於部屬」，其實，錯由幹部的不注意造成的，也不乏其例，不過，一些幹部總是巧妙掩飾其非，把責

任推給部屬。

下面是一個實例。

剛進公司不久的黃課員，一天，被課長喚去。

課長：「下午我要參加幹部會議，席上必須有去年度的支出明細表，麻煩你立刻把它做出來。」

黃課員犧牲了午間休息的時間，趕著做好支出明細表，交給課長。

課長：「你是怎麼搞的？我說的是收入明細表，你怎麼誤爲支出明細表？真糟糕，這麼一來，我在會議上如何交代？下次可要注意，命令怎能聽錯呢！」

黃課員受命做支出明細表的時候，曾經叮問過課長，也立刻塡在備忘小冊上，因此，這次錯誤很明顯的是課長自己的不注意所致。

但是，課長偏偏不認爲錯在自己，黃課員爲此憤慨不已，當天就遞辭呈，與這位上司拜拜了。

不少幹部常常由於做事不細心，注意力不足，說錯了話，或是下錯命令，或是說明錯誤。這些不良幹部的特點有如下幾種：

●做事不夠謹慎。
●急躁成性。
●粗心大意，漫不經心。
●吊兒郎當。
●容易衝動。

由於有這些性格，做一件事就常犯了下列的毛病：

●在準備方面，不以足夠的時間去計劃。
●因此，他擬出的計劃就蕪雜無章，往往把重要事項遺漏。
●下達命令的時候，只注意細節，卻未顧重點。
●該連絡的事，常常忘得一乾二淨。

這些不良幹部的注意力不足，往往躲在部屬背後顯不出它惹出來的麻煩與困擾，但是，它對整個管理上的影響，至大且鉅。因此，注意力不足就等於那個幹部是個沒資格的上司。

一般而言，我國企業把「不注意」這回事，經常當做無關緊要，但在美國，則視它爲沒資格的幹部才會犯這種錯，而且把「不注意」列爲不良

幹部的第一個缺點。

9 缺乏自律能力的幹部——被別人拖著走的傢伙

缺乏自律能力，意思是說，自己無法控制自己的行爲，對自己而言，他本身好像是另一個自己——無法控馭的自己。

自律能力高的幹部，有下列特點：

●富於自信。
●行動自主。
●富於決斷力。
●靠自力克服困難或是逆境。

自律能力低的不良幹部，有下列缺點：

●對自己的判斷毫無信心。
●容易受別人的意見所左右。

●依賴心太大，一遇困阻就求助於別人。
●猶疑成性，常常爲該不該做某件事，而徬徨不定，拖延時日。
●沒有上司的指示或是幫助，就不敢起而行動。
●無法憑個人的主見行事。

此類型不良幹部，凡事不會創新，只知墨守成規，執一而行，或是仿傚別人的作爲，做爲自己行事的準則，因此，容易被別人牽著鼻子走。

10 缺乏協調能力的幹部——讓部屬吃虧的傢伙

協調能力，也是一個幹部必備的條件之一。缺乏協調能力的幹部，等於減少了管理的一種利器，對他的營運成果發生損害作用。缺乏協調性的幹部，必有下列態度顯現於他的日常管理中。

(1)對別人的意見，動輒反對，或是將其貶低，或是猛挑剔。
(2)與意見不合的人拒不往來。

(3)橫不講理，堅不妥協。

(4)從來不考慮對方的心情、立場。

(5)從來不爲別人保全面子。

(6)無意支援其他部門。

(7)其他部門要求調派他的部屬時，堅不答應，即使答應了，也調派能力最差的，存心應景了事。

(8)不顧及其他部門工作上的聯繫，自顧自的推動自己部門的工作。

(9)缺乏與其他部門合作無間的團隊精神。

(10)從來不自動與其他部門進行溝通工作。

總而言之，此類型不良幹部最大的缺陷是：

●只顧本身的利益。

●自我本位主義的觀念很強烈。

●專擅成性。

●個性陰鬱、難纏。

●孤獨爲樂，絕不自動與別人親近。

●只看自己部門的事，沒有放眼看大局的能力與氣度，因此，常常在組織中造成破壞作用。

這樣的不良幹部，對部屬、公司都是百害而無一利的「人物」，由這種人掌管的部門，一定士氣低落，效率難彰。

11 難有共鳴感的幹部——不了解部屬悲歡的傢伙

共鳴感的意思是說，對別人的某些感受發生共鳴的感覺。

有些部屬，常常爲了讓大家高興而做了某件事（他的出發點純粹出於善意），不料，事情砸了鍋，這時候，不良幹部就惡意解釋那個部屬的作爲，罵他多此一舉，無意顧及部屬的用意非惡。

另有一種幹部，當部屬失敗，就劈口斥責，說他是不夠細心，從來不去探究失敗之因，也無意給部屬應有的安慰與鼓勵。若部屬做了某種不太對的事，這種幹部也只知責罵，從來不去查究何以有那種行爲。

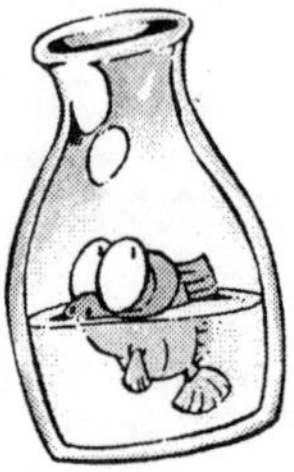

此類型缺乏共鳴感的不良幹部，其共同缺陷是：

●缺乏連帶感。

●毫不在意地損傷別人的感情。

●忽視部屬的情緒、感受。

●對時代的變化、年輕人的變化，一無所覺。

●居心不寬厚。

●社交性極低。

缺乏共鳴感的不良幹部，通常，對別人或是部屬的悲歡，一無感觸，感性之低，令人扼腕。由於他本身有所主張的時候，偏於自我本位，即使說出來的是好事一樁，也難以引起別人的共鳴。

此型不良幹部，更由於缺乏感性，常犯下列毛病：

●部屬有什麼煩惱、不滿，或是企求，總是無法體會、體諒。

●對部屬的不良行爲與違法的前兆，缺乏適切的觀察手法，因此，無法「先下手」防止。

一般人，通常是先想自己的得失，但是，接著就顧及善惡。缺乏共鳴

的不良幹部卻大不相同。

他，只會顧及自己的得失，不去考慮善惡。也就是說，一心只想自我的得失，因此，對生存的意義，只做庸俗的解釋，他的人品、生活品質也就好不到哪裏。

12 冷靜不來的幹部——感情用事的傢伙

冷靜，也是一個幹部必備的態度、能力之一。

有這麼一個笑話。某甲，發生火災的時候，由於太慌張了，忘了帶貴重物品，只帶了一雙皮鞋，倉皇而逃。

像這樣臨亂而缺乏冷靜的人，有時候，就會丟了命，而且丟得冤枉至極。在一般公司，也常見此一類型的不良幹部。下面就是幾個例子。

●（例一）：

部屬做錯了事，就怒火沖天，只顧責罵部屬，卻忘了最重要的「臨急

善後措施」，使公司的損害，本來還可以挽回的，卻任其增加了損害度。

●（例二）：

當上司提醒了某種缺失，他就渾身不對勁，也不反省錯在自己，一肚子氣無處發洩，就拿部屬當做發氣筒。結果是，部屬不但覺得冤枉，也認爲他的行爲未免幼稚可笑，從此不再信賴他。

●（例三）：

一件工作的進度，已經太慢了，他就有如巨禍將臨，對部屬又催又怒又罵，卻不冷靜思考「慢」的原因。

此不良幹部的例子，多到不勝枚舉。他們慣犯的缺陷，有如下幾種：

●無法控制自己的感情，因而急如熱鍋上的螞蟻，容易採取衝動性的行爲。

●無法及時採取失敗的善後措施，把損害減到最低限度。

●由於缺乏冷靜，容易錯上加錯。

●發生非常事態的時候，往往傻了眼，人都快昏了，於是胡亂下令焦急萬分，使部屬也陷入人心大亂的局面。

●缺乏冷靜，因而難有正確的判斷。

●在交涉、談判的場合，失去冷靜，因此，容易被對方牽著鼻子走。

13 過於自信的幹部——自負為幹才的傢伙

有一種不良幹部，內心經常有這樣的自豪：

●關於這個工作，我算是知識最豐，經驗最多。

●關於這個工作，我在公司中算是最精通，別人絕無法匹敵。

●因此，關於這個工作，我的意見比任何人正確、管用。

由於有此「非可等閒」的自負心，他就把部屬的話當做馬耳東風，強制部屬「唯他之令是從」。通常，在這個時候，他會這樣說：

「你們反對我的方案，可是，你們有沒有想到，我的經驗之多，非你們所能比擬？憑這一點我就敢說，這個方案絕對行得通。我對這件事有絕對的自信。雖然你們有不少意見，我看，還是以我的方案來做才有十成把

握……。」

身爲幹部，必須有自信，此事不容置疑。缺乏自信的幹部，就沒資格居於要津，此事亦不容置疑。但是，如果爲了「自信過度」而對別人的意見，一概不理，這倒是個大問題。

對部屬的意見一概不理，只知強制自己的意見，就會產生下列現象：

●部屬雖然最後會服從上司的意見，但是，容易陽奉陰違，工作效率就爲之大打折扣。

●部屬在不情願心態下工作，因此，失敗的比率大增，等於浪費了時間、財力、勞力。

●部屬習於奉令行事，容易養成懶於思考的習慣，等於逼部屬成爲無能、無爲的庸才。

若是能幹的上司，他一定會有如下與部屬交換意見的對話，使立場完全改觀。

課長：「你是說我的方法不好？你且說來聽聽，讓我做個參考。」

部屬：「這個方案的缺點就在B那個部份。」

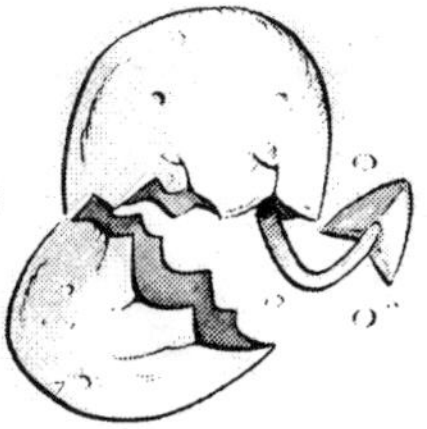

課長：「我可以採取如此……的方法，不就可以防止它的缺點了？」

部屬：「這麼一來，在C的部份就發生問題，因此，我認爲，不如採用○○式手法。」

課長：「我無法贊同○○式手法。」

部屬：「爲什麼？」

課長：「因爲，如此一來就影響到□□了。」

如此這般，雙方在繼續議論中，就可以對整個方案的缺點做周密的檢討。最重要的是，在坦誠互換意見的氣氛中，新的創意就源源而出。

又，如此允許部屬的否定、唱反調，部屬才會潛能盡展，才華盡出，無形中也養成了部屬的自主能力。作育人才的目的也可以達到。這不是一舉數得嗎？

對於自負的不良幹部，就不吃這一套。他認爲自己的腦力拔群，旁人無所及，老實說，這一點就很糟糕。

此型不良幹部，由於自負過甚，對更高的知識、經驗失去追求、吸收的意願，進步就到此爲止，只好「從此往下掉」。

可哀又可嘆的是，他本人並不知道，自己的能力逐漸下降，總有一天定被淘汰、落敗。

14 適應力低弱的幹部——自限於孤獨的傢伙

每一個企業都有這樣的現象：

●原是在地方的分公司或是營業處，業績稱雄的幹部，一旦被調到總公司，表現卻不如理想。

●在工廠，能力大展的課長，一被調到管理部門當課長，卻變得無勁又無神，前後判若兩人。

之所以如此，必有很多原因，但是，毫無疑問的，主要關鍵在於，缺乏適應新環境的能力。

所謂無法適應新環境，簡單地說，就如新到一個地方，水土不合。水土不合的原因，不外兩種：

(1)工作性質不合乎個性、興趣，因而無法發揮自己的才能。

(2)新工作環境的「氣氛」，不合乎個性。因此，與上司、同事、部屬無法打心底成爲一片，所以影響了工作。

一般而言，任何人都有適應任何環境的能力。前面所提的那些幹部，只能稱之爲「適應力低劣」，是屬於容易情緒不穩的人。

照說，既然身爲幹部，就該在「適應」方面下些功夫的，可是，不作此圖，只知根據於個我「孤獨」的城堡，因此，愈來愈無法適應。

有些人，甚至爲這而患上神經衰弱症。

此類型不良幹部當中，也有很多爲自己這種結果，大事編造口實、藉口，試圖將其合理化的。下面就是他們慣說的辯詞。

●「這種工作環境，誰都受不了！」

●「辦公室有看不順眼的人，一見到他，我的工作意願不知爲什麼就喪失不存了。」

●「上司的作風太不公平，如此情況下，叫我怎能全力工作？」

適應力低弱的不良幹部，往往就是公司、辦公室的「糾紛製造商」，

這一點，不能不察。

15 過於適應的幹部——使部屬無法成長的傢伙

無法適應工作場所，是一件令人頭痛的事，但是，過於適應就會使人變得無能，也是極麻煩的事。

企業的組織，使人拘於固定的類型，並且要求劃一化。而所謂適應工作場所，意思是說，要具備該企業既有的標準化、規格化條件。例如，「像一個幹部的樣子」、「幹部就該如此」之類。

但是，在要求劃一化、規格化的同時，企業也要求，有個性的人。

企業組織的矛盾就在這裏。因此，如果太適應這種劃一化、規格化，個人幹部都成爲不分青紅皂白，完全相同的幹部，無異變成毫無個性、毫無個人意志的機械人。這種人就不是企業要求的幹才。

此類型不良幹部的特點是：

●積極性等於零。

●無意激發創意。

●只安安份份做規定的工作。

一個幹部，當然要適應環境，但是，在適應的同時，也得做到：

●充分發揮個性。

●致力於突破企業組織中的限制。

●要有「限制不是爲遵守而有」，而是「爲突破而有」的觀念。

具備這種精神，一個幹部才能在企業中大有作爲，爲企業帶來創新、革新，成爲企業繁榮的原動力之一。

16 溝通無方的幹部——拙於說明、傾聽的傢伙

企業中的工作與多方面有所關連，彼此間的協同作業，全靠溝通來維持。身爲幹部，必須得正確掌握經營者的觀念或是方針、指令，以及其他

情報，將它傳給有關的人員，藉此完成目的。

但是，有些無能的幹部卻不把經營者（或是上司）的觀念、方針，傳給部屬，也不把有必要的情報傳給部屬。有時候，也把該聯絡的事遺忘，或是沒注意到應該聯絡。這就產生如下的現象。

●事先沒通知明天要開會，因此，在會議中理應成爲要角的承辦人，突然告假，害得那次會議缺少了要角，等於浪費了時間、人力。

●事先沒通知有關的部門變更計劃的事，害得對方的作業無法進行。

●事先沒通知部屬，害得部屬的工作起了混亂。

●忘記與上司聯絡很重要的事，害得上司判斷錯誤，引起一場風波。

●事先沒通知企劃部門最新的情報，害得企劃部門正在進行中的企劃案，全數泡湯。

雖然犯了這種錯誤，此型不良幹部卻從不認爲自己犯了什麼大錯。他們的另一個缺點是：

●傳達是傳達過了，卻從來不對下列的事，一一加以確認：

A、是不是該通知的人都通知了？

B、傳達的內容，對方是不是了解了？

C、部屬對這些傳達事項，是不是自動配合？或是有抗拒現象？

傳達的事，不一定全被對方理解以及接受。此類型不良幹部，對這從來不關心。

另外，拙於說明、傾聽的幹部，亦屬於此一型。這樣的管理人員，可說是「溝通無術」，事關溝通，只能給他蓋上「無能」的烙印。

17 慾望不足的幹部——容易產生自卑感的傢伙

人類的慾望，種類之多不一而足。而處於生存競爭激烈的社會，一個人的慾望，往往受到阻礙，因此，很容易產生由慾望難遂而來的不滿。

現在是個大眾的時代。由於傳播媒體的發達，人的慾望也變得無際無限，相對地，阻止慾望得遂的因素，也隨著大增。

在這種情況下，慾望無法滿足的現象也逐日高漲。真可以說是，人人

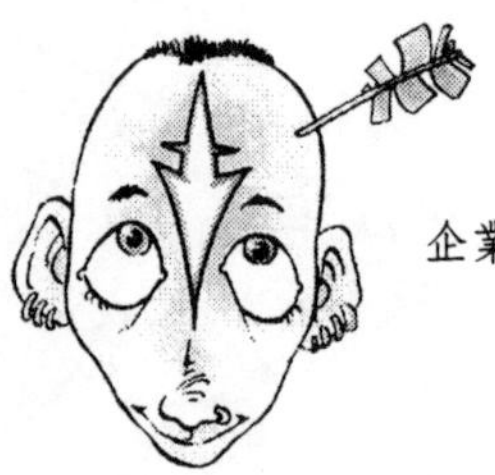

企業不良幹部群相

都有他個別的各種不滿。這就產生了如下的現象：

●有些人由於無能爲力，乾脆以逃避爲能事。

●有些人由於慾望難以滿足，鋌而走險，成爲眾所共棄的歹徒。

●有些人患了歇斯底里症，由於不滿無處發洩，就莫名其妙地遷怒別人，惡言相向。

●有些人就來個推卸責任。

●有些人就爲自己的作爲，拼命找口實。

●有些人就天天訴苦，說：「身體老是覺得不適。」

在企業內部，也有類似的情況。尤其是中層管理人員，由於夾在上司與部屬之間，苦於糾葛不斷，或是苦於上司、同事、部屬、前輩的人際關係，或是苦於人情、義理、派系、工作方針等等，頗有苦海難脫之嘆。

但是，做幹部的人必須衝破這種慾望難遂而來的不滿。一個幹部的優劣，可以從他如何應付這件事而加以評定、分級。

下面就是對兩種幹部所做的分析。

㈠**有才能的幹部**：平時就不斷鍛鍊自己，以排除逃避或是暴發之類的心理

障礙，實施提高耐性的自我訓練。

無能的幹部：既無此類耐性，也從來不做什麼自我訓練。

㈡**有才能的幹部**：對慾望難遂而來的不滿，他的處理手法是，先以代用的滿足或是部份的滿足，安撫自己，之後逐次接近最終目標。

無能的幹部：從來不動這種腦筋，只知在那裏叫苦、抱怨。

㈢**有才能的幹部**：坦然接受目前的事態，既不掙扎，也不焦急，客觀地注視自己，從旁觀中，尋出另一條途徑，爲自己開創快樂的心態。

無能的幹部：山中迷路，只要冷靜、深思，自可找出脫險之路。但是，他卻掙扎、焦急，一會兒走入這個山谷，一會兒又繞進一條山徑，始終不得其路而出。這就像夾在上司與部屬之間，不斷徘徊，因而愈陷入困境，招致苦於糾葛的局面。

㈣**有才能的幹部**：當他站在左右難定的岐路，他就思考：

●社會期待於企業的是什麼？

●如何自處才對企業最爲有益？

由此發現一條值得奮勇直前的路。

無能的幹部：從來不知以什麼做爲行爲的基準。

總而言之，當一個人覺得自己對慾望不足的不滿有極大耐力與自信，或是具備輕易解決慾望不足的不滿那種能力時，他就產生優越感。如果，產生不了那種自信或是能力，他就產生自卑感。

無法把慾望難遂而來的不滿化除的某些幹部，由於欠缺這方面的處理能力，容易產生自卑感，此乃順理成章，天經地義。

18 自卑感特強的幹部——想說的話都說不出來的傢伙

有一位青年職員（姑且稱之爲K），由於甚具實力，工作方面的專業知識也豐富，因而受上司器重，節節爬高，終於成爲那個大企業的課長。可是，升爲課長之後，他的心理起了大變化。

因爲，那個企業的課長、經理，絕大多數是大學畢業，K本人只擁有高中學歷，爲此自卑感就開始纏繞他。

幹部們聚餐的時候，其他課長、經理，都大談大學時代的回憶，個個談笑風生。有些人甚至在宴席上，引吭高唱大學校歌。這些情況，使他又欣羨又感愧，因此，在大夥歡喜、笑鬧的時候，他只好獨自窩在一邊。

從這個時候開始，K就對那些大學畢業的年輕課長另眼相看，於是，自己有什麼意見時，也不敢強硬主張，總是被其他課長壓得死死地。如此一來，K就無法充分發揮自己的能力，也逐漸變成銳氣毫無，處事畏縮的幹部。

連他的部屬也看出了這一點，對K如此的窩囊作風，也有了反感。

另一個幹部A，是工廠的現場管理人員，職位是股長。A原是個對負責的工作很精諳，說到執行力，更是頂瓜瓜，無人能及的人。

但是，在會議或是討論會上與人議論的時候，總是敵不過那些老練、油猾的資深股長，常常被他們巧妙的話術所利用或是受騙。

由於在這方面屈居下方，所以他那一股經常被迫接下最難、最複雜的作業。這一點，使A的部屬至感不滿，因此，他們就不斷向A提出抗議。於是，A就一改作風，以強硬的口氣，與那些油猾股長議論。

哪知，段數實在與對方無法相比，每次議論的時候，A總是不知不覺中又陷入對方的圈套，被牽著鼻子走。情況仍然相同。

在這些過程中，A就患了自卑感愈來愈重的毛病，甚至自認爲是一個「實在無能的人」。從此，真的愈來愈難有表現。這些例子告訴我們：原是很有才能，卻由於自卑感的作祟，因而喪盡自信，變成無能的幹部，爲數頗多。

一般人多多少少都有自卑感。但過分自卑則有害無利。

以這些例子來說，之所以如此，原因就在，對自卑感沒有任何對策，才招來如此的悲劇。除此之外，有些幹部甚至對那些個性開朗，擁有許多新知識、新技術的年輕人，也不甚欣羡。

因爲，看到他們毫不拘小節，要說什麼就在會議上侃侃而談，毫無怯場的模樣，無能幹部就對其起了莫大的自卑感，想說出自己的意見，也話到喉口就嚥下，生怕說得不對，惹他們笑。

自卑感若是到了這個地步，無異宣判了他的前途一片昏黑，沒什麼搞頭了。

19 情緒不穩的幹部——不時焦躁不安的傢伙

情緒穩定，也是幹部必備的要件之一。但是，患情緒不穩症的不良幹部，卻到處可見。這些人的缺陷是：

●不時焦躁不安。

●工作能不能做得好，全看他的情緒如何。

●很容易發怒。

●高不高興的變化極快。

●容易遷怒部屬。

●高興的時候，就樂於網開一面，不高興的時候，即使是很合理的要求，也堅不答應。

●對過去的事一直耿耿於心。

這一類的幹部，究根到底，就是無法控制、管理自己的情緒，由他當上了上司，部屬就倒楣。

幹部的情緒控制力與業績是息息相關的。幹部的情緒起伏不定，部屬的情緒也大受影響，由於增加了這種緊張感，部屬的工作效率，也隨著大降，這是顛撲不破的道理。

此類型不良幹部，應該徹底訓練自己，及早化除此一現象，否則，難挑大任，前途也好不到哪裏。

20 毫不通融的幹部——無能上司之一

這是發生在高雄某個工廠的真實故事。

這家工廠的員工，大部份都搭一定的班車上班。一天，原是在上班前十分鐘都能準時到達工廠門口附近的這個班車，由於當天的交通特別亂，耽誤了十五分鐘才到。

搭那個班車的員工，依照員工守則，就被當做「遲到者」。

但是，甲課的幹部卻認爲這是不可抗力所致，因此，不把甲課遲到的

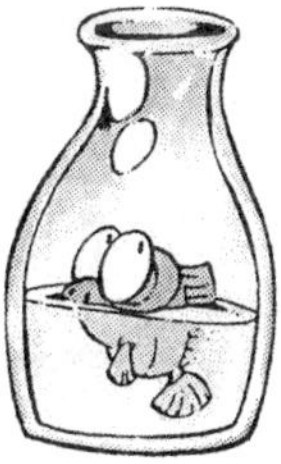

人員，當做遲到。

乙課的幹部則相反，他認爲：不管理由如何，遲到就是遲到，因此，把搭那一班車的員工，一律當做遲到。這麼一來，當場就有三個女工說：

「我們要回家，就當做今天是我們的公休吧！」

幹部從中阻止，但是，她們還是不聽，逕自走了。

爲什麼她們要求把今天當做公休假？因爲，若是被記錄爲遲到，對升級、加薪、獎金都有影響，要是當做公休假就有利於她們。

我們不妨研究一下，在這樣的情況下，幹部該如何處理才妥善？

●是正經八百地當做遲到，使她們休工一天好呢？還是視爲不可抗力（事實如此），而不當做遲到，讓她們不休假好？

哪一個方法才對，不言已明。規律當然要嚴守，但是，審度情況，加以通融，也至爲重要。缺乏這種適機通融的能力，就只能稱其爲「無能幹部」了。

缺乏通融性的不良幹部，說來都犯了如下的兩種缺陷，有立加矯正的必要。

㈠毫無彈性：

毫不通融的幹部，他一定也是缺乏彈性的人。他的缺點是：

A、無法對某一件事做多角觀察。

B、思考方式與觀念，執一不變。

C、心地狹窄，無法胸襟大開。

D、由於腦筋缺乏彈性，無法了解對方的立場，因此，心中沒有「妥協」的餘裕。

㈡頭腦僵化：

當部屬提案的時候就說：「這種方案，以前早就實驗過，就爲了效果不好才取消的，怎麼又搬它出來？」

此類對時代、情勢的變化，從不放眼一看的幹部，算是缺乏通融性。因爲，雖然試過不彰，或許其因在於時期不對，如果，現在捲土重來，說不定一舉成功。何妨重新深入研討它的可行性？

此類型幹部的頭腦，僵化到認爲，已經試過而失敗的方案，只能束之高閣，使其永不見天日。他們的缺點是：

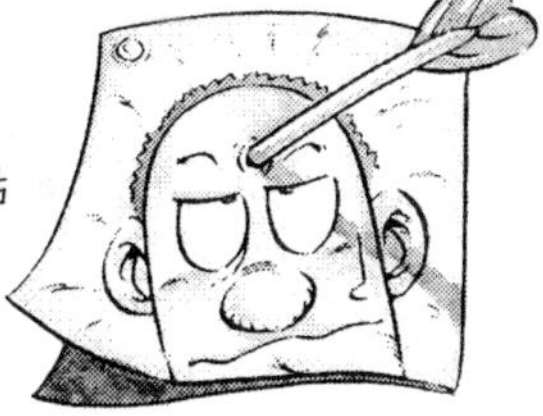

A、不從大局去看一件事。

B、只知拘於某一細節，堅不接納別人的看法。

C、進行某種工作，也只知緊抓著一個方案（沒有替代方案），硬認爲，本方案失敗就一切泡湯，從不另想第二、第三方案，以爲防範或是補救之用。

下面是一個例子。

B在職員時代，就是個工作認真，腦筋轉變也快的人，因此，經理、課長都很賞識他。他順利升到課長之後，不久公司改組，那些董事、經理都由朝氣蓬勃、才智過人的少壯派出任。

這些人一連打出很多創意，要求幹部們起而配合。可是，B的腦筋卻跟不上他們，往日的伶俐、機靈也消失無蹤。

在會議上，他老是搬出過去的一套，也不時稱讚舊時的幹部其功績至高。也就是說，B由駿馬變成劣馬，他本人卻未曾察覺，自己已經變成公司發展的障礙物，還天天在那裏懷念舊日的時光。

這個原因就在，B當了課長之後，由於自己太用功，對時代的變化渾

然不覺，再也無法適應時代，因而淪爲落伍者。

每個企業都有這種無法臨機應變的不良幹部。

推的方法行不通，應該立刻換成「拉」的方法，「拉」也不行，就得改用「舉」，還不行就得改以「放」……。頭腦若是無法如此快速轉變，怎能在企業中佔一席之地？

21 沒有意見的幹部——只知現買現賣的傢伙

自己沒有任何意見，只知隨波逐流，這樣的幹部也令人不敢恭維，當然也列爲不良幹部之一。某一個上司，在部屬向他提出某種方案時，一定要吹毛求疵一番。由於屢次受這樣的苛擾，部屬就問他：

「如果這個方案真的如您所說實在行不通，那就請說說您的意見。」

他答說：「這是您們該想的事，怎能扯到我身上來？」

換句話說，他就這樣推得一乾二淨。由於每每如此，部屬就想：

「既然提出多好的方案，他只會猛挑剔，從不向我們做積極的輔導，幹嘛，還辛辛苦苦地絞盡腦汁，思考好幾天？」

於是，部屬們就私下商議好再也不提什麼見鬼的「方案」了。非但如此，當上司命令說：

「有這麼一個問題，就交給你去研究對策吧。」

部屬們就斬釘截鐵地答說：

「抱歉，我沒有那種能力，您還是另請高明吧！」

分析此類不良幹部，其心態如下：

●他自知沒有才能。

●為了不讓部屬知道這個事，反過來想誇示他很有才能，因此，對部屬提出的方案，無不加以批評、挑剔。藉這個手法表示他還是高他們一等。

又有一種幹部是這樣的：

在工作場所，由於拿不出自己的具體意見（實情是想不出具體的意見），他就採用偷雞摸狗式的方法。

例如，對上司他就把從部屬那裏得來的意見，現買現賣，以示他很有

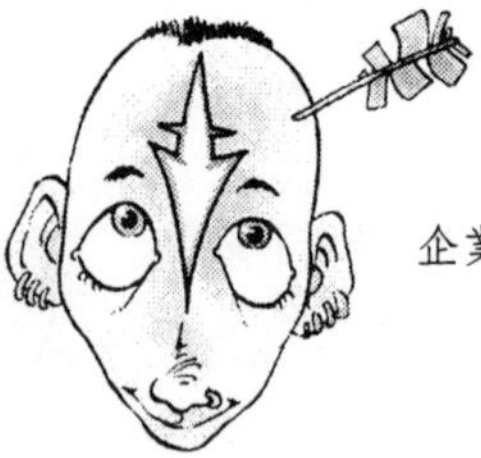

見地。對部屬則把從上司那裏得來的意見，現買現賣，以示他很有見地。

現買現賣的時候，他會說得好像那些意見就是完全出自他的腦袋。其實，這種手法玩久了就註定露出破綻。當東窗事發，他的上司、部屬就對他大改觀點，把他看成矮了一截的人。真是何苦來哉！

22 討厭變化的幹部——讓部屬無奈的傢伙

不喜變化的幹部，也就是缺乏包容力。之所以如此，理由如下：

(1)自己缺乏應變能力

變化一定帶來工作上的知識、技術等等的變革，如果，他對這些新知識、新技術一竅不通，或是一知半解，就無法應變。缺少應付這方面的能力，他當然不喜變化了。

(2)害怕失敗

就算對應付變化該有的知識、支術，略有具備，執行的時候，誰也不

敢保證一舉成功。若是缺乏變化時應有的知識、技術，那就更擔心成果之凶多吉少。

由於害怕萬一失敗就丟人現眼，而且危及目前已有的職位，因此，不喜變化。

(3)安逸成性

一有了變化，企業中就如同起風起浪，難保一帆風順，因此他就想：「何必冒那麼大的風險去辛苦？維持現狀，安安逸逸，不是很好嗎？」於是對變革之類的事，始終抱著「近鬼煞」那種不正常心理。

所謂不喜變化、討厭變化，它的理由一定不外上述三種，這種企業幹部，等於自露無能。

年輕人在工作上如果沒有變化，就會感到無聊、沈悶，大爲受不了，因此，對凡事只求安逸，不求變化的上司感到無奈，進而討厭上司。

企業的工作場所，一定要有種種變化，才會出現生機蓬勃的氣象。

毫無動靜的一塘池水，日子一久就發臭。同理，企業的工作場所任其一無變化，就變得暮氣沈沈，等於扼殺了企業的生機。

23 既無害也無益的幹部——對部屬有害的傢伙

企業靠組織來推動。因此，有無協調性至爲重要，所以，企業對員工的基本要求是：

●企求員工順應組織。

●另一方面，也要求員工具有被組織沖走的韌力。

●尤其，要求幹部能夠起而推動組織。

話是這麼說，就有一種只知靠組織來揹他，只知順應組織，不越出創意之門一步的不良幹部。此類型不良幹部就是忘了「企業組織是爲推動員工而有」的事實，稱其爲劣等幹部亦不爲過。

如果，只知讓組織來揹負，這種課長、經理，誰不會做？

此型不良幹部，在企業中佔了一席之地，或者可說是既無害也無益，但是，身爲幹部而「無害也無益」，意思就是「已經有了毒害」。想推動企業的組織，必須有下列要素：

●強烈過人的精力。
●強大過人的意願。
●豐富的能力與技術。
如果，缺其中之一，就無法得遂所願。把這些求之於無害又無益的幹部，無異海中撈月，徒勞無功。

24 往後看的幹部——只會提當年勇的傢伙

此型幹部也屬於頭腦僵化的無能之輩。有才能的幹部，通常是：
●立有明確的目標。
●時時刻刻保有往前看的姿勢，傾赴全副熱忱，誓死不退。
●由此精力充沛地推動企業的組織。
換了無能的幹部，可就大不相同。
●對目標沒有明確的指向力。

●缺乏奮勇而爲的熱忱。

●不知企業的發展是在將來，只會懷念過去的實績、經驗，動不動就提當年之勇。

●從來沒有「用功」的意願。

●只知回憶與懷念過去，總是想把「現在」拖回「過去」的境界。那些還沒有輝煌歷史，只知往前猛衝的年輕部屬，遇到這樣的不良幹部，當然只有相率求去。

25 推卸責任的幹部——奪部屬功勞的傢伙

一位在某公司當課長的青年，一天，拜訪了一位學長（經營管理顧問師）。在聊了一陣家常之後，那位課長提出一個疑問請教：

「我這個課從外表看，一切很正常。但是，處理業務卻很棘手。那些課員看來懶懶散散，經理大人也不從旁協助，害得我不知如何是好。」

那位學長答說：

「使課員和自己的工作都能做來起勁、順利，不就是你課長應負的責任嗎？使工作可以做得順利，創造這種環境，不能靠別人，那是要靠自己來完成的呀！」

企業中層管理人員中，就有不少類此的幹部。對自己的管理不周、設想不周，渾然不覺，卻反過來一味責怪部屬不起勁，上司一點也不從旁協助，凡事都推給別人，自己倒落得無事似的。

此型不良幹部的缺陷是：

●凡事都把責任推給別人。

●工作不順利，或是失敗，他都認爲自己並沒錯，錯是在上司或是部屬。

●自己不受重視，也不知反省那是自己能力不足之故，一味發牢騷或是申辯說：

A、「我之所以遲遲不能晉升，全是公司偏袒某一人所致。」

B、「我的上司有眼無珠，居然埋沒了我這種大才，太不像話！」

C、「我跟這位上司不投緣，這是前世註定，有什麼可說？」

越是無能的幹部，此一傾向就越濃，日子一久，他就大說公司、上司的壞話。

●不以冷靜的眼光對自己下正確的評價，老是以自己與同事做比較，或是依據四周的人如何看他，做爲評價自己的基準。

只知拿自己與別人做比較，因而不時爲了別人的動靜而憂、而喜，或是羨慕別人的出人頭地，這都是對自己缺乏自信所致。

●由於缺乏自信，只靠組織的力量、別人的力量。

●搶奪部屬之功。

●爲了掩飾自己的無能，猛向上司拍馬屁、走後門，藉此保住職位。

可笑的是，他沒察覺到下面的事實：他自己對上司抱不滿，而他的部屬也同樣對他抱著類似的不滿。

26 輕諾的幹部——讓人空喜一場的傢伙

有些幹部，經常犯下面的毛病。當上司託他：

「這件事必須在十天之內完成，很重要而且急著做完，就交給你那一課去執行吧！」

他問也不問詳情，就立刻應聲回答：

「是的，我一定在期限之內把它完成，請放心。」

可是，當他把工作接回來，他的部屬問明了情況就群起反對：

「這怎麼可能？別說十天了，就是二十天也做不來，我們這個課的工作量已經飽和了。」

如此這般，他就給逼入進退兩難的困境，到頭來就面子盡失塌了台。

又如：三言兩句就應諾，事後才發現那個工作委實難辦，不是沒有誠意做，而是爲了沒有那種能耐。

事到如此，又無法原案退給託付的對方，只得硬著頭皮動手，結果當

然是，做得四不像，反而挨了對方的罵，說是礙了對方的大計劃。

又有一種不良幹部是這樣的：當別人託他辦事，他就拍胸擔保，連帶誇下海口：

「哈，這有何難？看我的！」

但是，到了真的要做，卻由於缺乏能力與自信，猛說藉口，一意逃避對方。

此類型不良幹部，如果，乍看他那副「沒問題！」的表情、姿態，絕大多數的人都會爲之迷惑，糊裏糊塗相信了他。這些人的最大缺陷就是：

●能力不高，卻故裝很內行，藉此過足了「虛榮心」的癮。

●以輕諾、謊言來表示自己很有辦法。

他們倒沒想到，樂極生悲乃至理名言，爲此而信用大喪，實在大可不必。

27 喜歡開會的幹部——誤以為開會必有好處的傢伙

發生了雞毛蒜皮的事就立刻召集部屬開會，就有這種「愛開會如命」的幹部。

會議有其價值，主持會議也是幹部的職責之一，這一點倒不能否認。但是，事無大小輕重，一律都以開會來解決，那就大有問題。

無意義的開會，非但浪費了時間，也等於沒能完成幹部經營管理的機能。事事靠開會來解決的幹部，只能稱其爲無能幹部。

平時，只要注意到下列事項，即使不透過開會方式，也能牢牢掌握部門、部屬的動向與現況。

- 縱、橫的溝通都做得很好。
- 隨時了解別的部門的工作，目前在何種情況之下。
- 掌握自己的部門目前的工作狀況，以及正在發生一些什麼事。
- 考慮別給其他部門的影響，而不時調整各種計劃。

時下提倡員工參與企業的經營活動，標榜「全員經營」，這本來是好事一樁，但是，有些幹部卻會錯了意，以爲經常與部屬開會就是「全員經營」。

對部屬而言，這倒成了額外的干擾。

有些部屬，由於工作性質的關係，參加無用的會議，就等於弄砸（至少也阻撓）了工作進度。爲了挽回開會引起的進度上的遲延，他們往往要拼死拼活地趕進度，說來真是罪過。

其實，以一般企業的組織來說，「決定某事」的工作，應該是幹部之事，也是幹部應負的責任，部屬只要隨著上司的決定行事——這是體制上的重點。

爭取部屬意見，讓他們參與各種計劃，以便激發他們的工作意願，這是性質有異的另一件事，與每天、無事不開會，扯不關係。

因此，幹部若是假「參與」、「開會」之美名，而強迫部屬參加「決定某事」，等於是額外分擔了原是該由幹部承擔的責任。

如果，從另一個角度來看，這件事也可以說成這樣：

幹部由於沒有自信，常假會議的美名，將自己該全部承擔的責任，也要部屬分擔。這就無異藉此「減輕」自己的責任，說是手法狡猾，或是不當，也不爲過。

他們向來認爲：只要開了會，問題就一舉可解。

這是一種錯覺，但是，不明此理的不良幹部，就因爲有此錯覺，認爲開了會就「高枕無憂」。

老實說，會議只能減到最低限度。要開會之前，應該先檢討：

●真的有必要以會議的手段，才能解決？

●能不能以個別的溝通，達到目的？

●是不是一個人的能力無法處理？一定要借重眾人的智力才能解決：

如果，事先不考慮這些問題，就貿然開會，或是一次猶感不足，接二連三，以疲勞轟炸的方式，不斷開會，可說是愚蠢之尤。

要是動不動就開會，部屬一定產生下列反應：

●「必須丟下一切正在進行的工作，在會議室耗上一、二小時，實在要命！」

●「若是跟我們有關的事務還好，事實上，十之八九都跟我們扯不上邊，卻還要我們參加，這哪裏是集眾智、開發創意？簡直拿我們當寶，耍來耍去，把一點思考力都要跑了！」

●「會議上討論的，往往是廢話連篇，既無宗旨，也沒有結論，這算哪一門的會議？」

●「當幹部是當玩的呀，那種程度的事，他們總可以在權限之內處理的吧？何必拖一大票的人，湊熱鬧？」

不錯，有些幹部就喜歡會議如在湊熱鬧，一有機會就召集他們，來個「一堂騷然」、「熱鬧非凡」，美其名曰「開會」。

事後他就如釋重負，因爲，他錯覺爲會議的氣氛至爲熱烈，他完成了一件很有意義的工作。

這才是真正的「見鬼幹部」呢。

28 喜歡調動部屬的幹部——使部屬安不下心的傢伙

有些經理大爺、課長大人，犯了怪癖，那就是：毫無預兆，而且胡亂調動部屬的工作，或是變更部屬的承辦事項。

作育人才的方法中，有一種是叫「輪作制」（Rotaion System）。它是依照一定的計劃，將人員做有計劃的調動、訓練，藉此培養員工的能力，使其向新的經驗挑戰，開拓能力的範圍，用意至佳。

可是，不良幹部施行的「調動」，完全與此搭不上關係。

部屬之被調或是被換了工作內容，純粹出之於上司的「一時興起」。在無計劃之下，太短的期間內，將他們不斷調動，部屬對每一件工作，只能學到一點皮毛，就又要收拾收拾，準備轉到另一個崗位。

如此一來，任何工作只能積些一知半解的經驗，怎麼能拓廣能力的領域呢？相反的，他們對每一樣工作都毫無信心，這就招來能力反而萎縮的結果。真是弄巧反拙，莫此爲甚。

調動或是輪調的方法，應該是：

●對某一件工作已經做過一段相當期間，技術也到了某種程度，在快有「持一不變」、「腦筋僵化」、「陷入低潮」等跡象出現之前，及時實施，才最有成效。

調動、輪調的「好時機」至爲重要，未曾考慮到這些問題，動不動就胡亂「移動部屬」，這樣的幹部對作育部下的方法，可說是個白痴。如果「移動」又是視如「嗜好」而爲，那只能用「荒謬絕倫」一詞形容了。

部屬絕不是棋盤上的棋子。如今已經退休，曾經是某企業的課長，有一次，得意揚揚地向朋友說：

「我還在〇〇企業供職的時候，就有一個樂趣，那就是，不時調動部屬的工作崗位。只要我有那種意思，我就可以隨時讓他們移動，那種招之則來，揮之則去，大權在握的滋味，真叫人滿心舒坦。當然，有些部屬，倒爲了這種樂趣而居於不利的立場，我想，他們可能還在埋怨我吧。」

爲自己的「樂趣」而調動部屬，這實在是滑天下大稽的事。在這樣的上司下面做事的部屬，真倒了八輩子的楣，如何叫他們安心工作？

29 整天叫忙的幹部——口忙手腳不忙的傢伙

某企業一位課長，他的外號叫做「忙人」。有人問他近況如何，他就答說：「唉呀！忙死人囉。」

或是說：

「唉！忙得真叫人受不了。」

至於他是不是真的忙得「百務纏身」，只有天曉得！因爲，他是逢人便說「忙」，「忙」，其實，只是到處走動不停而已。

世上頗多這種「忙人」。他們的特點是：

●以「太忙了」做爲寒暄。

●把「太忙了」這句話掛在嘴邊，讓人以爲他爲此而慨嘆，實則藉此誇示自己是不同凡響的大忙人。

●說「忙」心裏就好過。

●錯覺爲：只要整天叫忙若有其事地走動，就像完成了該完成的事。

此類「大忙人」，只不過是狀若忙碌地走動而已，該做的工作，卻老是三延四拖。也就是說，他做的全是無關緊要的瑣事，真正重要的事，他卻漏掉了。

不，不是漏掉，而是存心不去做。因此，當他在一天結束之時，回頭一想：「今天，我真是忙了一整天，可是，我到底做了些什麼？」

如此自問，定會發現他根本沒做過一件像樣的事。

在企業中的每一個工作場所，誰不忙？身爲幹部的，即令在忙碌中，也得動腦筋於工作的合理化，還得想些創意，或是擬定各種計劃、方針，致力於現狀的改善。

但是，整天叫忙而做不出什麼事的「大忙人」，卻動嘴不動腦，極力避免走必須絞腦汁的路子。

換句話說，他是以「太忙」爲藉口，避開困難的工作，或是麻煩、複雜的工作。因爲，再沒有比嘴巴叫「忙」，而走來走去更爲輕鬆的事了。光會走來走去叫「忙」，三歲孩童也做得到，何須請他居於幹部職位？

從這個觀點而言，那些只會叫「忙」而不做「正經事」的幹部，無異

把自己的無能，暴露無遺。

另有一種不良幹部，就不會把一些瑣屑的雜事，託給部屬代勞，只知抱緊了眾多「工作」，天天爲那些小事，逼得團團轉。

這種人比只會叫「忙」而不做事的幹部，算是好一點點，但畢竟也是大同小異，也沒什麼好誇的。

30 故裝豁達的幹部——器度不大的傢伙

請看下面的例子。

●部屬到課長那裏，請他裁決一件事。

課長把文件瞄了一眼，輕描淡寫地說：

「我對你們的工作內容，實在無法知道得很深入，因此，事情都委託你們，只要你們說可以，我當然沒什麼反對意見。」

說完，他就立刻照部屬所擬的案，簽個「准」。

●當部屬爲某方案徵求經理的意見，他就裝出一副豁達的模樣，說：「我把全權託給你們，所以，只要大家認爲可行，我就沒什麼意見，我一定依照你們的看法，不會挑什麼毛病的。」

自始至終，他連一句意見也不說，遑論提示方針了。

此類幹部，從第三者看來，既不像「頭目型」，也不像器度頂大的人物。也許，他是把大小事全部給屬下，自己樂得悠哉悠哉，但是，別以爲他是個好相與的人。

當部屬犯了小錯，他就像大受刺激般，把部屬罵得狗血噴頭。拿前面說過的例子來說，不知部屬的工作細節，卻把這件事交給部屬去處理，實在是不負責到了家。

他們的最大用意是：披上「全權委給部屬」、「講民主」這些話的外衣，掩飾自己的無能。

因此，他故裝的豁達、氣量，很快就被部屬看穿，部屬探知「虛實」之後，再也不會信賴他。

不是真正豁達成性，內心始終戰戰兢兢的人，即使硬要裝出一副豁達

模樣，那種景況就如錦衣之下穿了一身破爛，反而惹人反感。

部屬無不企盼上司的一舉手一投足，都能表現合乎他身份的人品。當上司的言舉，在某些地方與他的身份相去太多，部屬就無不失望，進而投他以不信任的眼光，如此一來，幹部的威信就蕩然不存。

31 託人說出自己難以啟口的話——信心全無的傢伙

有一種幹部，當他對部屬有了難以啓口的話，總是不敢面對現實，考慮了半天，還是無法付諸行動。後來，他就拖出與那個部屬交情非淺的伙伴，或是資深職員等第三者，透過他們把話傳到。

當然，有些話以透過第三者爲佳，不過，那只能視爲「例外」。

原則上，有了該向部屬提醒的話，身爲上司，應該毅然面對現實，把該說的話，說得一清二楚。何況上司本身都難以啓口的話，換了第三者，還不是一樣難以啓口？而且透過第三者傳話，還有一個毛病，那就是，很

可能傳達錯誤。這種錯誤會發生在：

●第三者沒把話聽清楚，而把並非上司真意的話傳過去，很可能造成更大的麻煩。

●第三者的說明不盡恰當，讓對方會錯了意，這也極可能與前面說的同樣的結果。

至於，爲什麼要透過第三者，理由大致如下：

⑴直接來說，生怕惹來對方的反感，若是透過第三者，對方反感可能就向第三者而發，至少，自己蒙受的損害，不比直接而說要大。

⑵在某些方面，使這個上司覺得對方是個難以說服，或是無法說服，生怕當場被反駁得無詞可答。

⑶認爲，透過第三者，彼此以後還好見面，不致於立刻撕破臉。

其實，這個手法並不太理想。

▲從第三者來說。

這位第三者定會嘀咕說：「何必拖我這個第三者上場，扮演黑臉？要說，你這個上司直接跟他說不就得了？」

▲從被提醒的部屬來說。

這位部屬一定會想：「唉呀，這種事還得託第三者出面呀！直接提醒我不就得了？上司怎麼如此見外？」

這時候，部屬反而無法釋然，甚至認爲，上司的作風有點「陰險」。如此一來，雙方的感情反而有愈爲僵化的可能。

管理能力越低劣的幹部，越會使用這種「怪招」，這等於顯露了他的無能，實在是多此一舉。

32 隧道幹部——對部屬無用的傢伙

有些幹部犯了如下的毛病。

將部屬提出的方案，原封不動送給上司，當上司對那個方案的細節有所詢問的時候，由於自己實在不知，只得硬著頭皮答說：

「我這就去叫承辦人來向您詳答。」

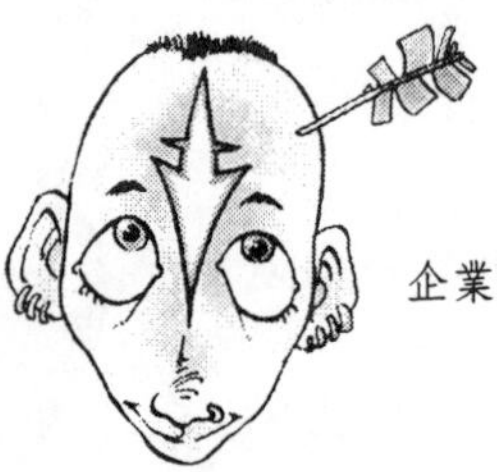

此類型不良幹部的缺點就在：

●對部屬提出的報告、方案、計劃之類的文件，從不細加過目。

●而且，只知將這些文件層層轉上去。

這種上司，只是個傳遞者，名之爲「隧道幹部」，誰曰不宜？

上級人員一看這種情形，憑其歷練，當然立刻爲他蓋上無能的烙印，逃也逃不掉，這叫做自取其辱，自設障礙於晉升途上。妙就妙在，遇到這種丟臉事之後，他還會向同事嘀咕說：

「我們那位上司呀，做事就是太重細節。」

他做夢也想不到，上司是故意要試驗一下這個課長到底對那個方案，做過何種程度的檢討，以及對該方案的實行有多少把握。

又，隧道幹部對部屬也同樣使用這一招。

當上方來了什麼通知，看也不看（或是隨便瞄一眼）就傳給部屬。由於他本身對通知的詳細內容毫無所悉，因此，當部屬向他提出疑問，他也一問三不知。

如果，稍微精靈的部屬就會故意找他麻煩，問說：

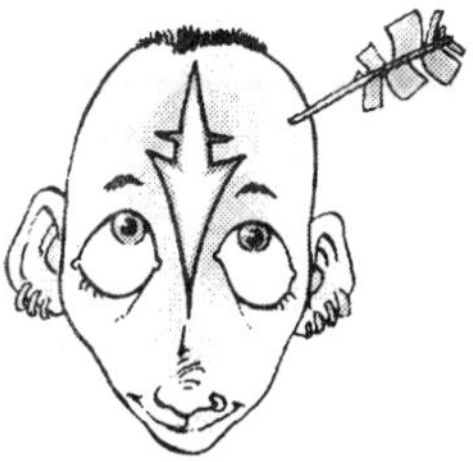

「請問課長，根據這個通知，我們的課應該如何採取因應的行動？」

這位隧道上司，面對這個尖銳之問，只有乾瞪眼或是結結巴巴的份。這種幹部就不算是幹部，充其量只能稱其爲「信使」了。當「信使」誰不會？誰願意在這種上司之下當部屬？那不等於與自己的前途開玩笑嗎？

33　吹毛求疵的幹部——只會找缺點的傢伙

有一種幹部，專挑部屬的渣兒，使他們大鬧情緒，進而影響了工作效率。

此型不良幹部，好像眼中所見全是別人的缺點以及過錯，落到他手裏的部屬，就被說得好似未曾具備任何長處。之所以如此，理由大致如下：

●意在誇示：「你們瞧，別想做錯了事，也別以爲我不了解你們。你們的一切缺點，都在我的掌握中。」

●誤以爲，不斷指出部屬的缺點，就等於不斷督促部屬，是爲他們做

了好事。

●天生的壞心眼。

●是個神經質，或是小心翼翼的人，因而極度害怕部屬在工作上犯了錯，影響到他的地位。

●認爲，爲部屬指出缺點，就是作育人才的最佳手法。

老實說，窮找部屬的缺點或是錯失，誰也會做，但是，這麼吹毛求疵的結果，部屬就產生下列現象：

●由於只被不斷指出缺點，忽略了也有優點，部屬就悶悶不樂，因而工作意願也爲之喪盡。

●由於只針對缺點嚴厲斥責，精神就大爲萎縮，非但幹勁消失，連原有的長處也不見了。

喜愛挑部屬毛病的幹部，不但對部屬這些反應未曾察覺，也不認爲自己這種行爲就是挑剔。有人曾經問過一個以善於對部屬挑剔的課長：

「聽說，您以善於對部屬挑剔而聞名，能不能告訴我個中秘訣？」

這位課長立加否定，說：

「哪有這種事？我從來不對部屬挑剔的，說我是這方面的名家，一定是別人的流言。說不定有人故意放出這種話破壞我的名譽呢。」

就爲了他如此堅決否認，問題才複雜。

34 大好人型的幹部——說不定就是虛有其表的傢伙

每個企業都有被稱之爲「大好人」、「好好先生」的幹部。他們有兩種類型：其一爲道道地地的大好人，其二爲自封爲「我是大好人」的假好人。

(1)第一種大好人（真正的好人）

這種名符其實的大好人、好好先生，他們的特點是：

- 自己根本不覺得他就是大好人。
- 不隨便責備別人的過失或是壞行爲。
- 待人處事謙虛萬分，不時擔心自己做了什麼事惹了別人的麻煩。

●與這種人交談，誰都神清氣爽、愉快異常，因此，同事、上司、部屬無不樂與親近。

●但是，臨到有事，卻不怎麼可靠。

●由於善良成性，別人託他做麻煩的事或是討厭的事，他也無法拒絕，因此，常常讓部屬多了額外的工作而叫苦連天。

●由於過度顧及給別人帶來惑擾，因此，無法積極行動，常常被牽著鼻子走。

●就爲了他是「大好人」、「好好先生」，上司、部屬都抱有好感，其不足之處都能由四周的人加以填補，完成一般程度的職責，當無大礙，但是，絕非有才能的幹部。

(2)第二種大好人（假冒者）

●自稱爲大好人的幹部，通常，獨善其身。

●有排斥別人的傾向。

●常常說下面的話：「我經常吃虧，就是由於四周有了太多的壞人。」換句話說，喜歡把責任推給別人。

●口口聲聲希望別人也成爲他那樣的大好人，因此，看到別人犯錯，就大加撻伐。

●屬於自我本位主義，不輕易寬諒別人。

●心地狹窄，待人至嚴，責人爲樂。

●動不動就大發牢騷。

第二種不良幹部，說起來，比那些自稱爲壞人的幹部，更難於對付，因此，大夥都討厭他，常常在背後罵他。他本人對這卻如被蒙在鼓中，一無所知。

35　惡煞的幹部——有三種怪型的傢伙

說句老實話，硬要把一個人劃分爲「善人」或是「惡人」，並不太妥切。世上就有爲善又爲惡的人，也有非善非惡的人。後者就是一般常見的人。善人之外，還有稱之爲「惡人」的。在企業中，當然也有這種「惡煞

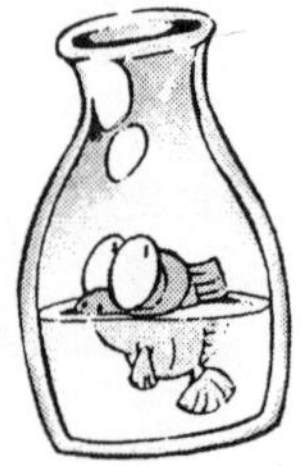

」式的幹部。

企業工作場所的那些惡煞幹部，可以大類爲三種。

(1)真正的惡人。

此類型幹部一肚子壞主意，由於可以下意識地行惡，因此，特別要小心防範。這種人當然沒有當幹部的資格，幸好此型的惡煞幹部少之又少。

(2)並不太壞，但是，自以爲是壞人，或是自覺爲壞人的幹部。

此類型幹部，由於自己是壞人這件事有所自覺，因此，偶爾（反而）會抑制爲惡的念頭，起而行善，所以，有時也堪以信賴。

(3)裝出爲惡模樣的幹部，也就是僞惡之徒。

這些幹部，故意披上惡人的外衣，或是行使僞惡而洋洋得意，還笑說：「我這個人就是只會做壞事，實在不該。」

所謂遠處的狗會吠，會咬人的狗不會叫。這些人的行爲，僅止於無傷大雅的捉弄，並不致於被極端討厭，但是，他的僞惡態度，會受上司、部屬的輕視，因而影響了自己的前途。

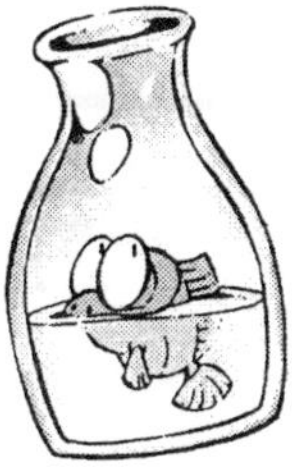

36　不知如何安於不遇的幹部——只知發牢騷的傢伙

身爲幹部，在懷才不遇的時候，也該懂得自處之道，這種能力，非有不可。有些幹部，由於被打入冷宮，又不知如何自處，因而頹喪失望，或是患了神經衰弱症，這就註定終生吃冷飯，不能不慎。

之所以不遇，並不一定是爲了才幹不足。也有一種幹部，就爲了能力太高，受過優遇，甚至被當做公司的寶，因而才被打入冷宮的。

原就能力薄弱的人，由於一開始就看破了自己，平生無大志，乾脆安於現狀。這種人，即使被調到壞職位，也蠻不在乎。倒是那些衆所公認的幹才，不遇的時候，所受的苦惱則倍於常人。

爲什麼幹才也會吃冷飯呢?企業的組織，往往受了組織機能的限制，有時候也不得不恁幹才受不遇之苦。

例如，升爲經理的機會一旦逸失，很可能就要在原位，待個幾年，這段期間就成爲吃冷飯的時間。

這時候，從他的表現就可以看出，這個人在不遇時代的自處之道，是不是高明。

M企業的現任總經理，目前擁有上千的部屬。當年，他還是個股長的時代，由於運氣不佳，吃了六年的冷飯，其間，他以股長頭銜被調換了三次工作。那時候，他一點也不急，自己告訴自己，吃冷飯也要懂得吃冷飯的方法，才會吃出好味道。

他，決心來個長期戰。於是，每當工作被調換，他都致力於新工作的鑽研，而且鑽研到任何前任股長都未曾涉獵過的領域，也就是說，他把不遇的六年，當做「從事研究工作」的期間。

總算他的努力並沒有白費，當他升為課長之後，節節爬高，趕過以前比他升得快的人，後來，甚至被畀以總經理的職位。

吃冷飯的原因，不只一端。

例如，觸怒了上司，或是受企業中派系的影響等等，不管如何，遇到非屈就一時不可的局面時，真正看得遠的幹部，就會運用腦筋，為自己的前途而能屈能伸。

至於，在吃冷飯期間，不懂自處之道的幹部，就會犯了如下的缺陷：

●認爲，上司有意整他，因而產生嚴重的自卑感。

●心理上產生逃避意識。

●對自己的前途喪失希望，變成有氣無力，消極成性，造成「自己壓垮自己」的結果。

如此一來，他的進步，嘎然而止，等於註定終生吃冷飯了。

37 喜愛嘀咕的幹部——被部屬當傻瓜的傢伙

N企業有一位喜愛嘀嘀咕咕的課長。他有一個怪習慣就是，一年到頭只要坐在他的座位，嘴裏就小聲的不知嘀咕什麼。

一個部屬，有一次偷偷地傾耳諦聽。原來，他是在核閱公文，一邊核閱一邊不斷地發怨言：

「又犯了這樣的錯……真是的，S老是這樣心不在焉……我說明的時

候，他呀，一定又在想什麼其他的事……時下的年輕人，實在叫人不敢恭維……既然不好好幹，爲什麼不乾脆辭職呢？……」

當上司喚他去，把他送呈的文件打回來，N課長的嘀咕就更是綿綿不絕了。

「做上司的人，何必那麼挑剔？說來，他並不了解事情的複雜性，光會窮找我們的麻煩……。我雖然詳詳細細向他說明過，他還是弄不清道理何在，實在糟糕……。如此下去，叫我如何處理這些問題？唉！吃這一行飯，真累死人……。」

N課長這種愛嘀咕的性格，已經是上下皆知，因此，上司瞧不起他，而上司越瞧不起他，他的嘀咕也越厲害，部屬中的一個缺德鬼，因而爲他起了個外號，叫做「嘀咕鬼」。

妙就妙在，他本人卻不覺自己是個愛嘀咕、發牢騷的人，因此，從來不承認有這回事。

N課長的嘀咕屬於自言自語式，並不是面對部屬而大發牢騷，因此，部屬也習慣於他的作風，一看到他的嘴巴在「喃喃有詞」，頂多是想：

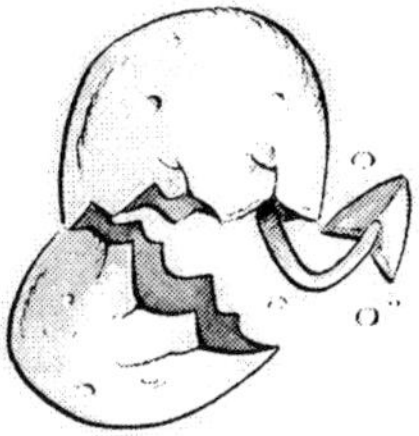

「又開始嘀咕了。」

雖然他這種習慣，並沒有帶給部屬什麼困擾，但是，旁人看來，著實也「不雅觀」。

愛嘀咕的幹部，有些卻喜歡在部屬面前嘀嘀咕咕的。更有一種人是隨時隨地嘀咕。例如：

- ●上司數落了他什麼，他就嘀咕。
- ●有什麼不如意的事，他就嘀咕不停。
- ●與部屬到酒店對飲，幾杯黃酒下肚，他也嘀咕個不停。

總而言之，一有什麼變動就即時嘀咕。此型不良幹部，可能是把嘀咕當成一種「招呼」，他本人對這一點，卻未曾察覺。

又有一種類型的幹部，是沒人聽他嘀咕，他就難過得什麼似的，只要有人「旁聽」，他就神清氣爽，快樂逾恒。

不錯，愛嘀咕的人，也許有得嘀咕就舒坦，但是，必須聽上司嘀咕的部屬，可就輪到他們難過了。

一年到頭聽上司嘀咕，再有耐心、厚道的部屬，也會對他敬而遠之。

此類型不良幹部，映在部屬眼中，簡直就是個傻瓜，您說，哪個部屬願意服從他？爲他賣力？

第三章　不良幹部的各種弱點

在第三章收錄的是一、二章沒提到的不良幹部（上司）的各種弱點。幹部有很多類型、性格，他們更有形形色色的弱點，這些弱點，往往與他們的類型、性格，毫無關係。

不少幹部對自己有的弱點，習焉不察，這是值得重視的「怪現象」。幹部的弱點，可以造成很多不良影響，例如：

●影響了幹部本身的工作。

●上司、部屬當他是無能幹部。受上司、部屬的輕視。

●由於得不到上司、部屬的信任，無法有一番大作為，自己也吃了大虧。

他的弱點越多，就越失去部屬、上司的信賴，終至成為突破不了困境的孤獨者，因而成為喪失各種能力的不良幹部。

在本章我們研剖的是，幹部的哪些地方會形成致命的弱點，以及這些弱點，何時、何種場合中，以何種方式出現。當然，弱點的內容、性質因人而異。有這些弱點的幹部，應該即時矯正，使自己早日成為優良幹部，早日脫離不良幹部的行伍。

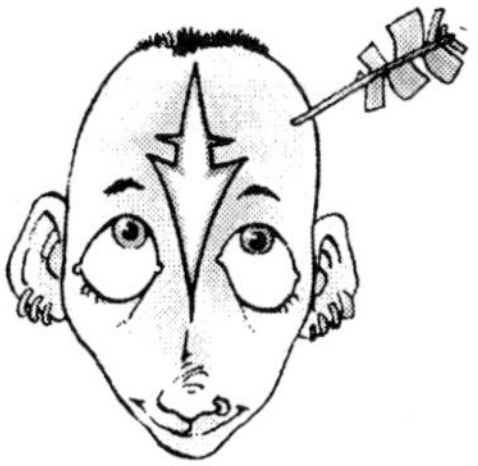

1　責任感薄弱的幹部——及早逃離他為妙

責任感可說是個幹部最重要的條件之一，但是，儘管如此，責任感薄弱的幹部，卻到處可見。

責任感之所以薄弱，最大的原因是：對責任的體認與知識不足之故。

到底在何種情況下，幹部對責任的無知現象才會表露出來？

(1)沒有「其罪在我」的意識

一般而言，未盡責任，罪咎隨至。也就是說，當一個人沒把該盡的責任盡了，那個未盡責任的事實，就構成他的罪咎。

所謂「罪」，有三種。

- 其一：法律上的罪。
- 其二：道德上的罪。
- 其三：宗教上的罪。

犯了法律上的罪，必須受罰，但是，犯了道德上、宗教上的罪，縱有被抨擊、非難的時候，卻不致於受罰。因此，企業幹部當然知道，犯了法律、就業規則、工作規程等等之時，必定受罰，所以，對這些事就懷有「不可犯」的意識。

至於扯不上「法」的範圍而犯的錯，他們就對它未存「不可犯」的意識。這就是何以在企業中，不少幹部都抱著「其罪不在我」的觀念，不斷犯了錯。下面所說的缺乏責任感的行爲，之所以公然橫行，根本原因就在這裏。

(2)把責任往上推或是往下推

業績不振，或是發生了某種錯失、問題的時候，他就把整個責任往上推，或是往下推。那時候，他的說詞大致如下：

●「上司不曾向我明確指示該守的方針、原則、方法，責任當然是在上司。」

●「我那些部屬，就是沒全心全力去做，否則，怎會造成這種魚爛上

崩的局面？責任當然是在那些未盡力的部屬。」

反正，不是推給上司，就是推給部屬，自己呢，卻一點也不覺得「罪咎在我」。

(3)不承認自己的過失

通常，部屬做壞了事，身爲幹部的人都要先反省自己有沒有過失，例如，對下列各項做個檢討：

- ●是不是該教的事沒教他，部屬才失敗？
- ●是不是幹部的教法有誤？
- ●是不是該通知的事沒通知他，部屬才失敗？
- ●通知或是說明過了，但是，是不是通知或是說明的方式不正確？
- ●是不是命令方法有誤？
- ●是不是忘了指出重點？
- ●其他……。

部屬之失敗，起因於幹部的亦不少，但是，通常部屬犯了錯，即令罪

咎在幹部，大部份都當做部屬的責任，就此草草了事。

幹部爲這些事被追究責任，可說是少之又少。縱然責任未被追究，身爲上司，也該有一些「罪咎」意識才對，問題就在，連一絲絲「罪咎」的意識也沒。這就是此類型不良幹部的特徵之一。

(4)托辭避責

當業績欲振乏力，或是部屬犯了錯，他就以下列理由，托辭避責。

●「我是依照上司的命令來行事，哪知居然造成這樣的問題，這總不能怪我吧？」

●「這些工作，我向來把全權委給部屬，他們做錯了與我何干？」

這些不良幹部，似乎忘了一個鐵的事實：不管是依據上司的指示、命令行事，或是全權委託給部屬，事關自己轄下的業務，一個幹部必須（而且也應該）負起全盤性的責任。

這是身爲幹部絕不能逃避、托辭的義務。

⑸利用「參與」避責

C公司一位經理，每當執行什麼方案，就召集部屬開會，讓部屬也參與「決定與計劃」。

本來，這是好事一樁，可是，經理的真正意圖卻在另一個方面。

有一次，某個決定事項出了紕漏，上級至爲震怒，下令追究責任。這位經理答得妙：

「這個方案，當時是集眾人的意見而下決定，因此，若論責任，應該由參與那次會議的人集體負責才對。開會討論，目的就在分散責任，怎能由我一人獨挑全責？」

在場的人聽了他的妙答，無不啞然失笑。

原來，這個經理之所以讓部屬參與計劃、決定，不是爲了引發部屬的工作意願，而是由於對自己沒信心，以這種手法做爲「自衛」的手段，同時，也爲來日的推卸責任尋好了藉口。

這一類型幹部忘了一個鐵的事實：即令採取集團參與、集團決定的手

法，最終的決定責任，還是在幹部身上。

無此體認而猶大放厥詞，無異自露無能。

(6)疏忽了作育部屬

作育部屬是現代幹部的重要職務之一。

有些幹部，卻疏忽了這個職務，然後，把表現不佳的部屬，毫不客氣地貶職，或是加以侮辱，或是革職了事。

之所以肆無忌憚地如此妄爲，是由於即令未盡作育部屬的責任，也不會受到處罰之故。但是，縱使不會受罰，他怠忽了作育部屬的「罪」，並不能就此免除——他應該有「其罪在我」的意識。

問題就在，他本人對怠忽了作育部屬的罪狀，毫無「罪咎」意識，由此暴露了他的無能。

(7)不盡責之罪

不盡責的罪狀，除了怠忽「作育部屬」之外，還有下列不盡責行爲。

●依賴心很強，時時求助於別人，從不靠自己獨力而爲。

●已經定案的事，如果，遇到小部份的反對，就擱下不理，無意堅持到底。

這是屬於「不做應做的事」而犯了不盡責之罪，可是，他對這也毫無「罪咎」意識，因此，也等於暴露了自己的無能。

(8)使部屬也沒有責任感

沒有責任感的幹部，無異自露無能，而他最大的罪狀是，使部屬也變成缺乏責任感的人。

別以爲部屬是傻瓜蛋，他們也可精得很。平時，他們會注視上司的一言一語，一舉一動，上司會肆無忌憚地做的事，他們當然認爲自己也可以做，於是群起效尤。

於是，上司有了不盡責的行爲，他們也來個上行下效，日子一久，個個都成爲不盡責的人。優秀幹部不時考慮的是：

●如何完成幹部所負的責任。

那些責任對薄弱的不良幹部，不時考慮的是：

●如何逃避責任？如何才能不必負那些責任。

兩者之異，可說是天壤之別，互不爲謀了。

2 只會處罰的幹部——不會檢討自己的傢伙

部屬犯了錯，就處罰他，以爲這麼就是讓他負起了過失的責任。有這種觀念的幹部，相當多。此類型幹部的特點是：

●部屬一犯了錯，腦裏立刻浮現的念頭是：「我該如何處罰他？」

換句話說，他認爲：讓部屬負起過失之責，其方法就是處罰。

其實，對過失有了處分，並不就表示問題已經獲得解決。

這些不良幹部，並不知他應該採取的方法。如果換了優秀幹部，他就懂得做下面的處理。

●部屬犯了錯，就讓他「善後」。

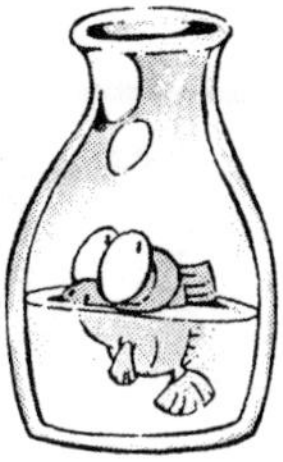

●善後工作完成後，幹部本身負起監督不周之責，向上級自請處分。

●而後，對犯錯的部屬給以應有的處分。

●設法使那個部屬，在來日將功補罪。

不良幹部非但不會處理得如此俐落，反而毛病百出。例如：

●自己不負起監督不周之責。

●只知一味責備犯錯的部屬，害得那個部屬不但難過萬分，也沒有「再起」的意願，更別說是有「自省」的念頭了。

3　委託而放心不下的幹部——害部屬無法成長的傢伙

無法把某些事的權限放給部屬的幹部，也是不良幹部之一。

這種人的特點，有下列幾種：

●事無鉅細之分，全部掌握在自己手中。

●支配慾望異常強烈。

●不敢把事情交給部屬，膽小成性。

●個性急，認爲交給部屬做，不如親自做反而來得快，因此，經常工作一堆，做也做不完。

老實說，幹部再能幹，精力再充沛，也不可能一人包辦全部的事。一個人可以做的量，畢竟有限。何況手邊雜事太多，就只知忙於無關緊要的事，反而把要緊的事，擱在一旁。

所以說，幹部們的頂頭上司，經常提醒幹部：

「把雜事丟給部屬，你們做一些（想一些）更有意義，更有益於企業的事！」

此話至爲有理，身爲幹部應該三思斯言。

幹部不把工作交給部屬，讓他全權處理，部屬就永無長大的機會。當他接到一件全權處理的事，他就：

●靠自力去計劃。

●全權管制該項方案的推行。

●在這些過程中，他會感到責任之重，工作之辛勞，由此得以開發自

己的各種潛能。

這種「我在成長」的成就感、喜悅感，只有全權負責（獨力承擔）一件工作的時候才會油然而生。部屬就要如此作育、培養，才能成爲大才。下面就是一個例子。

經營食品加工業的H先生，有個遊蕩成性的寶貝兒子。這個兒子，已經娶了太太，人也長得一表人才，就有一樣，天天在外遊蕩，不務正業。H先生苦思良久，終於想到一個計策。他讓兒子負責某食品加工販賣的生意，事先講定：

●父親絕不干涉他的經營方式。

●經營的結果，是虧是盈，自行處理。

經過一段時日後，這位兒子居然脫胎換骨，成爲熱愛生意的人。他的爲人也大大改變，待人處事頗有一套，後來業績之佳，竟然超過乃父。

在企業中，常有下列現象。

表面看似對部屬放任，也少有嚴厲作風，一天到晚，似乎無何作爲的幹部，他培養出來的部屬，比其他部門的精銳得多。

這就是他懂得「放手讓部屬做」的道理所致。

無法把工作委給部屬的幹部，常說這樣的話：

「把工作放給他們？別開玩笑了，他們還沒有獨當一面的能力，叫我怎麼放呢？」

- ●誤以為，部屬還沒長大，不能委以全權。
- ●其實是「不委以全權，部屬才永遠長不大」。
- ●最糟糕的是，幹部本身不知道「委以全權，部屬才會長大成才」的道理。

有些幹部，表面以委給部屬某些權限，但是，當部屬在執行的時候，從旁不斷干擾、指示，害得部屬還得一一請示。這也屬於「委託不了全權」的不良幹部。

委託是委託了，但是，卻整天放心不下，這種幹部就屬於膽小者，魄力、膽識兩缺，實在不該居於幹部之職。

4 缺乏創意幹部——老是慢半拍的傢伙

有一種幹部，只知處理日常定型的工作，始終激不出一丁點創意。之所以如此，理由如下：

●缺乏激發創造性的思考力。
●對想出種種創意感到麻煩。
●自認爲，提出改善方案，必定遭到反對，乾脆圖個淸靜，免得吃力又不討好。
●爲日常業務忙得團團轉，抽不出時間來思考種種創意。
●誤以爲，創意之開發，是屬於硏究部門專家的工作，只要等著把專家們創造的結果，拿來執行即可（想得太天真了）。

有些幹部多多少少會激出創意，但是，由於只在狹窄的經驗中瞎摸、瞎闖，難以產生傑出的創意。

不管如何，創意是幹部必有的條件之一，那些缺乏創造力的幹部，或

是懶得動動創意的幹部，光是這一點就可以判他爲無能。

缺乏創造力幹部，有下列現象：

- ●自主性毫無。
- ●只會模仿別人。
- ●是被別人拖著走，從不快人半拍。
- ●一馬當先的事，少之又少。
- ●經常落在人後，只知沒命地趕（能夠趕上就已經很不錯了）。
- ●別人抓光了魚，他才趕到，只好望池而嘆。

此類型幹部的另一個大缺點是：自己既不培養自己的創造力，也無意培養、訓練部屬的創造力。

5 知識、技能兩不足的幹部——通才時代的落伍者

有些幹部，在上司垂詢他轄下的工作情況時，往往不拉出部屬就答不

出所以然。顧客或是交易對象到了公司，對幹部有所查問時，有些幹部也是一問三不知。對工作內容方式瞭若指掌的幹部，也寥若晨星。

身爲幹部，必須具備有關業務最低限度的知識，否則斷難指導部屬，也無法在工作上隨時給部屬有必要的協助。

對該有的知識，昧然不知，這就是無知，而無知就通往無能之路，此理至明。

又，即令執行意願如何高昂，若是缺乏完成該項工作所需的業務知識與技能，怎能起而執行？此理不待申明，亦至爲明顯。

有些幹部對轄下的業務甚爲精通，但是，事關其他部門的工作，則毫無所知。如此一來，由於工作上的計劃往往牽連甚廣，昧於其他部門的情況，就無法擬出周全、合理、可行的好計劃。

改善、作育部屬云云，也可能悉數成爲空談。

身爲幹部，務必知曉與經營有關的全盤知識。即使不是會計課長，也要看懂資產負債表（Balance Sheet）、損益計算表，甚至了解那些圖表是怎麼做出來，含有何種意義。

即使不是營業課長，對市場調查、分析的方法，也要略知梗概。

即使不是勞工管理人員，也得略具勞工管理的知識。

業務部門對技術部門之事都要略有所知，技術部門對事務部門之事也要略有所知。如果不做到這個地步，幹部的工作就出現甚多不便。

有些幹部卻不以爲然，他們認爲：

「那些撈什子的知識，跟我的部門扯不上任何關係，我何必浪費時間去了解？」

與經營有涉的任何事，都不能置之不知，否則幹部就無法成爲「經營陣容」中的一個銳將。完成職務，是需要通盤了解企業的全貌，這一點，所有身居幹部要位的人，都要銘記在心。

此後的企業，漸漸需要通才兼專才的幹部，只是一個專才即可應付的時代，就要過去了。有些幹部，自己的專門技術已到了可自詡爲「捨我其誰」的地步，但是，說到其他範疇的工作，卻無知如嬰兒。

這種幹部，平時只專注於自己專門的工作，因此，忘了放眼看周圍與將來。這就像一隻馬被蒙住了雙眼，拖著馬車，往前狂奔一樣，成爲「猛

烈幹部」。

由於突進如馬車之狂奔，往往就形成「獨跑」的局面，因而離開了隊伍而不自知，甚至精疲力竭而一仆難起。

任何工作都在某一個點、線，與相異的專門事項有所牽連。因此，只知專注於某種專門，任你如何精通，如果不是個通才，也就不是企業理想的大才。

6　判斷力甚差的幹部——懷了致命缺陷的傢伙

幹部必須隨時隨地，爲偶發的任何事，迅速下正確的判斷，適切地做種種指示。

判斷力甚差的幹部，自然就沒辦法做到這樣。這些判斷力差的幹部，在例行、定型的工作上，不致於暴露這方面的弱點，但是，在事已臨頭的時候，他就馬腳盡露。

到底在什麼時候，露出馬腳呢？

⑴發生沒有前例之事的時候

平時，所作所爲無不循例而行，靠前例來判斷，因此，得以毫無大過地處理問題，或是下令。有那麼一天，如果遇到沒有前例的事，就進退失據，只好一一搬到上司那裏請示，靠上司據其經驗，下判斷。

⑵方案甚多，必須從中擇一的時候

一連出現好多方案，看來，每個方案都有其可取之處，害得他下不了何者爲優的判斷。這時候，他只好把問題搬到上司那裏請示，或是召集部屬，由他們下判斷。

⑶發生緊急狀況的時候

通常，遇到此類非常狀況，已經沒有查出前例的時間，只得即刻下判斷，向部屬有所指令。如果，缺乏這種能耐，就會招來措施不對、混亂更大的結果。

如上所述，缺乏判斷力的幹部，由於平時慣於依託別人的判斷，缺少這方面的自我訓練，或者習於以自己狹窄的經驗斷事，所以，無法站在廣

泛、全局的角度去判斷一件事。換句話說，此類不良幹部缺乏的是：

- 及早掌握問題本質的能力。
- 及早概括問題要點的能力。

幹部從事的工作，其中的一大半，可說是「判斷」的工作。判斷力劣弱，無法自行下斷，如果說成這是幹部致命的缺陷，亦不爲過。

7 缺乏組織能力的幹部——工作起了變化時慌張失措的傢伙

這裏所說的組織，並不是指廢除某個課，新設某個單位那種事而言。它指的是，因工作之不同，爲了使業務最有效率，如何把工作與人員巧妙配合，激發出「戰鬥能力」而言。

同一個課、股裏面的工作，在量以及工作內容、性質上，都有某種變化。幹部必須視其變化，組合出一種架構，派最適合的人去做某種工作，這時候的「配合」得當與否，就足以決定工作成果。

此類組織能力，何等重要！但是，不少幹部對這種組織的組合，毫不關心，有些人甚至笨手笨腳，組合不出這種架構來。

這些不良幹部的弱點就在：

●沒有掌握工作的標準效率。

●沒有掌握工作的普通效率與最高效率。

●對部屬個別的技能與效率，也茫然不知。

因此，一旦在工作的量與質發生變化時，只有慌張失措，不知如何去組織出應付這個局面的「架構」。

幹部的這種缺陷，在風平浪靜的時候，並不太顯眼，要是工作的量忽然發生變化，或是突然插進趕時間的工作，他的無能就大白於眾人之前。

8 計劃力劣弱的幹部——只知急於實行的傢伙

工商社會講究計劃，這是時代特色之一。凡事都要有計劃，無計劃就

等於無目標，這種計劃力也是幹部非有不可的條件之一。

所謂有計劃，意思是說：在實行某件事之前，蒐集、分析、研討各種實行所需的要素，並且想好實行過程中可能發生的變化與障礙，預先擬定對策，嚴陣以待。很多幹部卻不明此理，因而犯了下列毛病：

●計劃時不去預測將來的變化。
●等到條件起了變化時，才倉皇失措。
●也不對實行過程中通常會發生的障礙，做一番預測與擬出對策。
●等到障礙一出，才猶疑、緊張，逼使工作的進度起了混亂。

這些人的弱點就在：

●不知計劃必守的各種原則。
●不知計劃爲將來而做。
●不知將來必有變化相隨。
●未具預測變化的洞察力。
●對實行過程中將有何種障礙出現，也不加預測。
●「實行爲先，計劃可無」的性急觀念作祟。

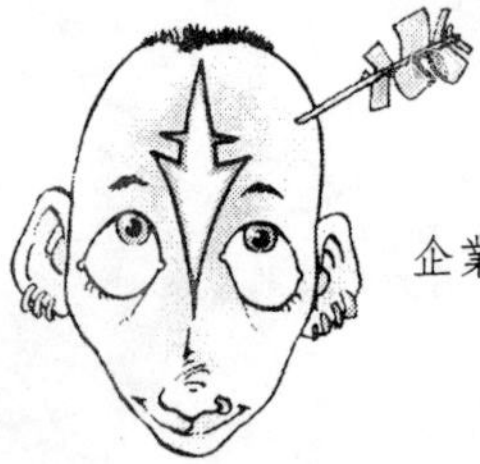

又如，以長期計劃而言，由於實行期間相當長，在進行當中，往往情勢所逼，非改變計劃不可。這時候最大的障礙，可能來自「正在執行這個計劃的人」。

因此，在計劃當初，就該考慮到這種反對，思考他們之所以反對的理由，事先就擬定「克服反對的方法」。

計劃力低弱的幹部，最容易忽略這一點，因此，常常事到臨頭才慌張失措，無所適從。

9 不會發現問題的幹部——使部屬的工作意願減退的傢伙

M課的表現不太理想，經理就向M課長說：

「你那一個課，是不是一切都沒問題？課員有沒有什麼不滿？」

M課長答說：

「是的，一切都在順利進行中，並沒有什麼特別的問題，在上班時間

內，也沒有人亂說話，也看不到發牢騷，或是不滿的人。」

那時候，公司正在舉行「效率活動月」，經理就趁機向員工做一次問卷調查。下面就是M的課員在調查時提出的要求與意見（經理看後，不禁對M課長的話大爲懷疑）。

●工作很難做，上司應致力於改善工作，很多工作都有改善的餘地。
●上司應該對工作多方了解，否則，部屬對他就難有信賴心。
●不了解自己的工作與其他部門有何關聯，因此，產生不了興趣，希望上司更詳細地教我們。
●實施改善方案時，希望也聽聽這些部屬的意見，不要一意孤行。
●希望教我們完成工作所需的知識與技能。
●上司應該考慮到使部屬容易工作的種種方法。
●希望告訴我們工作的結果。不知結果，做起來就毫無勁頭。
●我們對事業的知識極爲膚淺，希望有機會就實施再教育。
●通知某一件事的時候，希望徹底讓全員知道。
●希望上司了解：我們在想什麼，以及我們企求的是什麼。

問題之多，達到十數條。M課長口口聲聲「沒什麼問題」，實情並非如此。換句話說，這位課長缺乏發現問題的能力。

缺乏這種能力的幹部，爲數頗多。他們的弱點是：

●問題意識不夠。

●對問題的「感性」也不夠。

10 解決問題的能力異常缺乏的幹部——優劣立現

工作場所有數不清的問題。這些問題都有待幹部一一解決。幹部處於必須自力解決問題的立場。但是，很多幹部卻無意自力解決問題，老是把一大堆問題搬到上司面前一一請示，增加了上司的麻煩。這些幹部之所以如此，主要是判斷力太差。判斷力之所以太差，原因如下：

●分析能力不足。

無法把問題加以分類、分析，所以追究不出原因與結果。這種過程中

所需的就是分析力。

●缺乏「基於分析的結果，將條件套上原理、原則之上」的具體解決的能力。

下面是對十個課長而做的調查，由此可以看出，爲什麼他們認爲，解決問題是一件苦差事。

(1)問題是什麼？這種正確而及早掌握問題本質的能力，相當低弱。

(2)是不是真的感到困阻？如果真有那一回事，感到困阻的又是什麼？

此類問題的分析，是他們懶於一爲的事。

(3)未曾思考：「爲什麼非解決那個問題不可？」

(4)由於未曾思考問題的原因，所以，無法掌握問題的真因。

(5)由於只想出一個化除原因的方法，因此，那個方法行不通就毫無計策可施。

(6)思考解決方法時，未曾考慮到：自力處理好，抑或求上司、部屬、同事的協助才能順利。

(7)執行解決方策時，由於缺乏必成的信念，因此，猶疑頗多，反而使

解決方策無法成功。

解決問題的能力低弱的幹部，常常做出本末倒置的事。例如：

●電視影像之壞起因於天線不佳，他卻只知摸電視機，分解電視機。

●把自來水管打開，而忙於修理水管。

幹部的優劣，在平時，並不會很顯眼，可是，在問題發生時，立刻就優劣分明。幹部一大半的工作，可說是耗費於處理問題。如果說，幹部是爲了處理問題而設，也非過甚其詞。

工作場所若非問題如山積，恐怕每個企業都無須幹部這種人才了。處理問題的能力如此重要，若是身爲幹部而這方面的能力至爲低劣，那個幹部就沒資格稱爲幹部了。

11 拙於說服的幹部——也是傾聽劣手

任何傑出的創意，如果，得不到上司或是部屬的協助，就無法付諸實

行。要獲得他們的協助，幹部就必須具備說服力。有了相當的說服力，才能引起對方強烈的實行意願。

但是，在企業中卻有不少下面這種拙於說服、缺乏說服力的幹部。

(1)（發牢騷）：「這個創意極爲出色，但是，上司不贊同，所以不能付諸實行。」

(2)（發牢騷）：「上司提出了不少難題，任我如何說服，他也不撤銷那個方案，我不知怎麼辦？我的腦袋都快裂開了……」

(3)（嘆聲連連）：「上司命令我這麼做，可是我的部屬群起反對……，我夾在中間，爲了如何打開僵局，始終想不出良計……。」

(4)（嘀咕不停）：「我的上司講這樣，我的部屬卻講這樣，眞叫我無所適從……。」

(5)（發牢騷）：「我想做什麼，部屬就反對，這下子什麼新方案、新創意，只有胎死腹中，叫我如何在上司面前交代？」

(6)（嘆聲連連）：「我爲了商品交易的談判，竭盡全力，可是每次都無法談成，實在是命運奇差……。」

這些人失敗的原因都在：「拙於說服」。拙於說服的幹部，還有下面的說詞。

●「我說明的時候，把話講得條理井然，有條不紊，可是，對方硬是聽不進去……。」

●「我說得那麼詳盡，還不能了解我的用意，這不是對方的腦筋有問題嗎？」

口氣之間，似有瞧不起人的意思，其實，這些人都昧於下面的事實：「說明」，當然以讓對方了解爲目的，但是，「說服」的目的則不然。「說服」的目的在於「讓對方起而行動」。

換句話說，任他說得多麼合乎邏輯，多麼周全，那也不過是「說明」而已。除非讓對方起而行動，否則，萬萬不能說是「說服」成功。

說服力低弱的幹部，有如下的弱點：

●拙於說話，也就是不懂「傾聽之術」。他忘了在敘說自己的意見之前，應該聽聽對方的意見——讓對方先說話。

●缺乏看穿對方的想法、感受的能力。

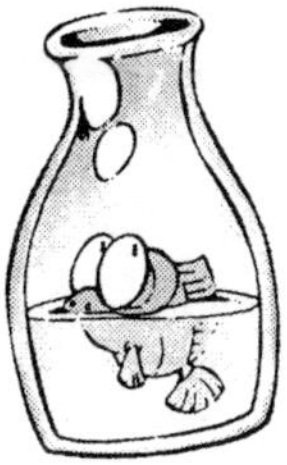

●沒有「不動其心而使其改變想法」的能力，因此，容易被對方牽著鼻子走。

說服力低弱的幹部，即令工作能力出色，卻拙於活用集團的力量，或是活用別人的力量。

又，說服的行爲屬於理性，接納其言的行爲屬於感情。因此，只訴之於理性，殊難撼動對方的感情。很多被說不動的人，他們的說詞是：

「理論上說來雖然是這樣，但是就無法贊同，我總覺得這不是光說理論就可以。」

或者是：

「理論上沒有一點破綻，但是，我討厭這種說法。」

從這些反應，不難看出說服不當就全軍盡沒。

有些事明明訴之於感情，對方就一拍即合，偏偏不作此圖，打算以理性來撼動感情，當然說服無望。

同時，拙於說服的幹部，也不敢罵部屬。時下的年輕人，反抗心相當強，也許罵了他，他就當場反抗、頂撞。

幹部就得具備萬一他反抗時，足以「以語服人」那種說服力，以及「必定使其信服」的強烈信念。

年輕人對具有說服力、信念的上司，總是毫不遲疑付出滿腔的信賴，這就是說，缺乏說服力的上司，斷難獲得部屬的信賴。

12 把部屬看成被支配者的幹部——理該起而反對

有些幹部誤以爲，企業中的上司、部屬，是屬於支配者與被支配者的關係，這是大錯特錯的觀念。

上司與部屬，應該說是處於「相互依存」的關係，或者說，是處於「相輔相成」的關係。

在一個企業當了幹部，老實說，那個滋味也挺不錯。一成爲幹部後，就覺得部屬在忙著工作，是由於自己在推動他們，因而產生了「我支配著他們」的一份優越感。

提到部屬的立場，老實說，也差不到哪裏。除非有什麼特別的命令，或是指示，只要天天做些例行的工作，偶爾也可以有技巧地偷懶一下。至於工作的成果、責任有幹部在挑。

還有，部屬也可以偷偷挖苦、非難、輕視幹部，「忙中享樂」呢。這種幹部的優越感與部屬的忙中取樂，到底何者爲佳，見仁見智，難以一概而論，但是，只有一點是可以斷言的，那就是：

在這樣的關係下，雙方可以大致相安無事，原因就在，大夥都「心照不宣」之故。

也就是說，站在幹部的立場就要有下面的觀念。

●雖然部屬偶爾評論我，背地裏說我的壞話，這件事本身對他們的精神衛生大有裨益，而且這件事對他們的賣力工作，也有關聯，何必在意？說壞話，就由他們去吧！

●雖然部屬會有任性的時候，但是，工作就是要靠他們來完成，除非太過份，我大可網開一面，裝著不懂。

部屬呢？當然也要有一些「上路」的觀念。

●上司偶爾也對我們嚴詞斥責，這是由於上級對他加了壓力，是「實逼至此」，想來，他也蠻可憐的，夾在上級與我們之間，天天鬧頭大。所以，即使他嚴格一些，也得忍耐、忍耐。

●不服從上司的命令，吃虧的還不是我自己？何況，上司事實上也是我們的庇護者，即使有些命令並不能讓人信服，也得服從他。

由於雙方在「心照不宣」之下，互讓、互諒，所以在同一個部門中，彼此才能順利推動各種工作。

優良幹部對這些微妙的關係，不只是精通，也善於活用。

說到無能幹部可就大不相同了。

他不知道雙方有這種「合則有利，分則有弊」的微妙關係，因此，他不懂活用之法，只知以支配、被支配的關係，想帶動部屬，這就造成部屬不肯輕易就範的結果。

例如，與年輕人交談，與其談束縛，不如談自由，無能幹部卻只知多談束縛，難怪年輕部屬不願意親近他，也無法打心底服他了。

13 對年輕人的世界不關心的幹部——庸俗的傢伙

某經營顧問公司曾經對二百位在公司、工廠工作的年輕人，做過一次問卷調查。調查中的一個問題是：

「你打算將來也在目前的公司工作嗎？」

其中，百分之五十四的人回答：

「無此打算。」

他們提出的理由之中最多的是：「上司對我們員工的意願、心情，不盡了解。」（約佔百分之九十七）

在任何時代，年紀大的人，都有一種傾向，那就是，以批判的眼光看年輕人。

在目前這種變化快速的時代，年輕人總是毫無抗拒地接受各種變化，塑造屬於自己的新價值觀。

中年人則執著於自己的某種信念。

高齡者中的絕大部份，則懷念過去的經驗，對變化沒什麼興趣，這可能就是他們對年輕人持著批判眼光的主因。

由於雙方價值的判斷基準無所雷同，因此，企業中老人、中年人、年輕人，就等於站在不同的基礎上去進行溝通，這就難怪經常要發生格格不入的現象。

老實說，要指導年輕部屬，企業幹部必須自動跳進年輕人的世界，與他們打成一片。除非幹部離開幹部的座位，把自己整個投進年輕人的心靈中，否則無法真正了解年輕人的世界，到底是怎樣一個模樣。

與年輕融而為一的時候，幹部才算是真正具備了幹部的資格，唯有如此，他才能進入年輕人心中，由此發揮出作育、教導年輕人最大效用。

幹部與年輕人打成一片的時候，必須有：「以年輕人為鏡子，從中學習新的為人之學」這種精神架勢。

事實上，幹部在擁有部屬之後，他的人就比以前更見厚實、深沈，因此，與部屬一起生活之中，也能獲得前所未歷的一些新東西。

這種「從部屬吸收一些什麼，或是學習一些什麼」的態度，對幹部的

自我教育而言，至為重要。幹部這種虛心求新的態度，對部屬當然會產生「潛移默化」的教育功效。

有些幹部卻不屑於如此。他們對年輕人的世界毫不關心，也無意投進年輕人的世界，投進年輕人的心中。

此類型幹部就是對前所說的道理，一無體認的無能上司，在年輕人心目中，當然不能成為可信賴的人。這些幹部之所以如此，理由有三：

(1)他是對投進年輕人的世界這件事，感到「嫌麻煩」的「懶漢」。

(2)他是對活潑、開朗的年輕人有自卑感的人。

(3)認為：「我不必投進他們的世界，也瞭解年輕人的一切。」也就是說，打心底瞧不起年輕人，自以為年輕人絕對跑不出他的掌心。

那些自動投進年輕的世界，有意從年輕人學習新的為人之學的幹部，即使離開了目前的地位與工作，仍然保留了他的厚實、深沈。

那些對年輕人毫不關心的幹部，如果，拿走了他目前的地位與金錢，很多人就成為庸俗不堪的人。說來說去，這是個人修養的涵蓋度大不相同之故。哪一種幹部才值得仿效，不言已明。

14 表裏皆冷淡的幹部——少接觸為妙的傢伙

要跳進年輕人的世界，就不能忽略了「私交」式的人際關係。

所謂「私交」，意思是說，離開公司之後，變成私人身份那時候的交往。這與公私必分的「私」，其意義迥然有異，可別會錯了意，以爲是私利相授。

在辦公室，上司就是上司，部屬就是部屬，分寸必有，禮節必守，一板一眼，循章行事。但是，一旦下了班，一起在咖啡廳聊談，相約吃飯，或是對飲幾杯，完全丟棄上司的面具，以赤裸裸的心，與部屬相對。

這種「私交」，可以使上司、部屬的距離，拉得更近，部屬在私人場合看到上司如此和藹可親的另一面，對上司自是更爲敬愛，油然生起「爲這個上司赴湯蹈火，在所不惜」的念頭。

忽略了這種「私交」，幹部想真正掌握部屬，那就比登天還難。

賢明的幹部，善於運用這種人際關係，在坦誠相待中，掌握了部屬的

整個「人格」。

無能的不良幹部，卻只知「一切照章行事」，對部屬只會做「業績不錯」、「表現甚佳」之類職務上的公式型的評價，從不自動與部屬建立「私交」關係。

於是，在辦公室臉若冰霜，下班後也各走各的，給部屬一副凜然不可侵犯、不可親近的感覺。部屬對這種冷面孔的上司，當然敬而遠之，要他真心跟隨，忠貞無二，可就難如挾山超海了。

15 不會與部屬「交際」的幹部——欠下情義的傢伙

這裏說的「交際」，是指離開公務之後，上司、部屬間的交往而言。與一般交際相比，上司、部屬間的交際，就顯得「非正式」，但是，卻可以做得更富於人情味。

這種交際，舉例而言就是：

●運動（例如，打網球、保齡球、高爾夫球）。

●垂釣、集郵……。

●參加棋社。

●旅遊。

●聚餐、卡拉OK……等等。

透過這些非正式的交際，就能造出良性的人際關係，使部屬在工作上與上司更爲合作。它扮演的任務，說來倒不能忽略。

話是這麼說，光是交際也不行，交際也得講究「要領」。要是方法不當，就會喪失部屬的信賴，惹出反效果。拙於這種交際的幹部，會犯下如下的過失，因而失去部屬的信賴。

(1)不與部屬剖腹相對

更簡單地說就是，不以赤裸裸之心與部屬交際。所謂赤裸裸之心，意思是說，丟棄上司在辦公室的那副面具，與部屬以對等的地位相向。

無能幹部在這種交際場合，仍然會擺出「本人是上司」的臭架子，叫在座的人受不了。如此情況下，怎會產生「打開心扉」，「以友情相會」

的感人局面？

此類型幹部之糟就糟在，在這種離開公務的場合，他還忘不了自己是道貌岸然的幹部。

(2)公私混淆

與部屬的私人交際，必須私人到底，原則上不該把公事扯進來。無能幹部在這種場合就不守這個不成文法。例如：

●在酒席上，提出與工作有關的事，趁機大肆說教，或是與部屬議論工作上的事。

●利用私交的機會，向部屬探問另一個部屬的行爲，或是工作上懷疑的某些內情。

●從私交場合聽來某些部屬的隱私，影響到考績的分數。

第一種幹部，破壞了原有的歡樂氣氛。第二、三種幹部等於利用私交場合使詐，誆騙了部屬。

(3)造出「跑前跑後的一幫人」

有些幹部製造出跑前跑後的一幫人，經常帶著這一票人，吃喝玩樂。

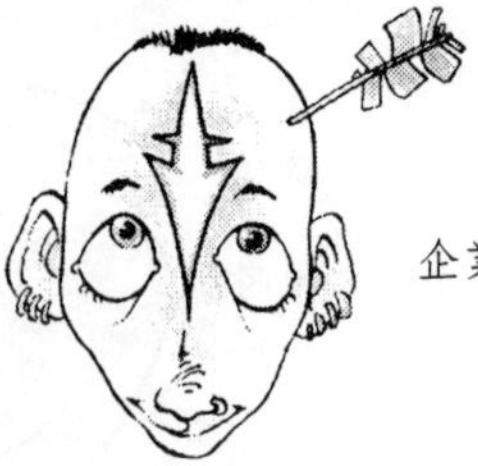

此類作風容易造成企業內部的派系，也容易使其他部屬離叛。

(4)大花公司的錢

有些幹部與部屬做私人交際的時候，往往該自掏腰包而不掏，卻以公司交際費的名義報帳。如此一來，部屬就想：

「哈，原來他是花公司的錢請我，這算什麼誠意呀！」

這個被請的部屬，非但不感謝他，更會對上司的爲人打個問號。這種無能幹部不知道下面這個事實：

●部屬寧願上司自掏腰包，請他喝一杯咖啡，與他剖心相談。

(5)敲部屬的竹桿

有些不良幹部，與部屬一起喝酒時，故意在中途裝得爛醉如泥，讓部屬在情非得已的情況下，忍痛付帳。這種幹部，此後部屬必定避之唯恐不及，再也不敢與他一道「私交」。

(6)醜態畢露

有些不良幹部，一喝了酒就判若兩人，不但酩酊大醉，還要部屬在旁照護一整夜。常常演出這種醜態，即令是事屬私生活，部屬也會油然生起

厭煩之念。

⑺欠下情義

有些不良幹部的作風很絕。例如，部屬結婚，既不送禮，也不說一句賀詞，裝得好像彼此是陌生人，叫人摸不透他的用意何在。

又如，部屬長期臥病，也從來不走訪，探個究竟，令人幾疑爲是鐵石心腸。社會上重視的習俗、禮節即使是自以爲「貴如幹部」，也不能欠下這份情義。該到的禮要到，該盡的情義也要盡，這樣才能使上司、部屬間的心靈，有了交流、相激，更爲靠近的機會。

16 誤以為說動了部屬的幹部——天真到家的傢伙

除了拙於說服的幹部之外，另有一種幹部也令人不敢領教，那就是：誤以爲自己成功地說動了對方。

這樣的無能幹部，事實上爲數亦復不少。這好像是幹部最容易錯覺的

事情之一。自以為說服有成，部屬的心已被說動，實情卻是：部屬仍然我行我素。也就是說，把上司的話當做馬耳東風。

例如：被規定走路要靠左邊，大夥就靠左邊走，這不是聽從說服的人說的話才靠左邊走，而是他本身覺得靠左邊走才安全（並不是被說服）。

如果，他覺得靠右邊走比較安全，他就靠右邊走，才不管有人要他靠左邊走。下面就是部屬常有的心態。

●上司說：「只要完成這個工作，一定發給你數目不少的一筆獎金，你可要加油呀！」

部屬遵令而行，但是，他想的是：「我之所以做那個工作，是為了獲得一筆數目不少的錢，才不是被上司的話說動呢。」

●上司要他整理某種資料，部屬遵令而行，但是，他心裏想的是：「我只不過是依照道理行事，才不是服從你這位上司的說服呢。」

●上司對一個懶怠成性的部屬說：「忠於工作，敬業忘己，這是一個企業人應有的基本態度，你可得加油呀……。」

這位懶漢，從此以後奮勵有加，但是，他心裏想的是：「我之所以不

再懶懶散散，是由於對工作發生了前所未有的興趣，才不是被你這個上司說動呢。」

這就是說，身爲幹部，對部屬常有的這些心態，必須有所了解，別以爲部屬遵令而行，一定是自己巧於說服使然。

時下的年輕人，表面上看來是服從上司，其實，是在衡量情勢之後覺得：「依上司的話來做，對我有益。」

他才起而行動。

因此，做上司的人，千萬不要惑於「表象」，以爲部屬聽令就是被說動，更以爲：

「只要定個規則，部屬就會依照規則而行，只要我一說，他就依照我的說服而動。」

這種想法未免太天真，如果天真到次次這樣想，總有一天，會遭到意料不到的變故呢。

17 要以強迫手法帶動部屬的幹部——不知蹲下來的傢伙

有些幹部認爲：部屬一定要從旁強制，才會行動；推動部屬最好的辦法是，支配與命令的方式。

在封建時代，這個手法相當管用，可是，現在是民主觀念普遍紮根的時代，還想用強迫、強制的手段，未免太昧於時代精神了。

此後，要指揮企業中的年輕部屬，必須特別注意到這一點。

也就是說，部屬想的若是向前走，上司如果硬要他向後退，部屬八成不會動，甚至故意違令而行——繼續向前走。

以一個號令就可以讓部屬起而行動的可能性，越來越小，每個企業幹部應有這種心理準備。不以強迫的力量或是號令來掌握部屬，那該怎麼辦呢？簡單地說，上司必須與部屬協調、溝通。

提到所謂人際關係，一般都以爲那是指人與人之間好惡的關係，其實不然。真正的人際關係，應該是指各種不同的因素，巧妙結合，成爲一體

而言。

雙方的關係，絕不是支配與被支配那種關係，而是「相輔相成」的關係。例如：

●歌手與伴奏的樂隊；

●棒球比賽的捕手與投手；

●計劃者與實行者。

這些人的相輔相成關係，絕不是支配與被支配的關係，而是雙方必須成爲一體，不分彼此，互相合作的關係。

在他們身上，沒有誰居於上位，誰居於下位那種優劣關係，有的只是「同意」與「協力」。如今，還有不明此理，誤以爲只要以強制或是片面的命令就能把部屬帶動的幹部，有此觀念，只能稱其爲無能幹部了。

此類型不良幹部，滿腦子只想支配部屬，他不曉得，有時候上司也得讓部屬支配的道理。

上司偶爾讓部屬支配，就更易於支配部屬。

無能幹部卻只想「站著」，從不想到偶爾也得「蹲下來」。

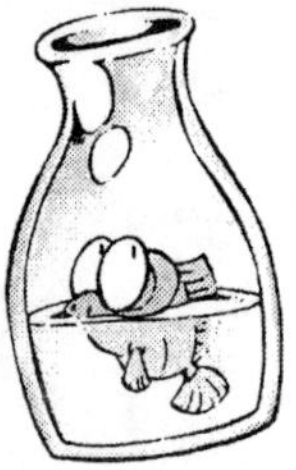

18 沒有自覺的幹部——有害於公司的傢伙

R公司受不景氣的影響差一點就倒閉。有人問R公司一位課長：

「貴公司爲什麼給逼到那種境地？」

課長答說：

「經營者經營方式走向散漫無章的路子，員工嘛，精神鬆懈，士氣低落——我看，最大的原因是這樣。當時，給逼得生產量大降，情況之糟，有如昏天黑地，不見一線生機。」

那個人緊著問：

「那，當時你又怎樣了？」

課長答說：

「我這種中層管理人員，說來也出不了什麼力量，只好依照上司的命令行事呀！」

他說的就像公司的危機是別人的事，與他扯不上一丁點關係。

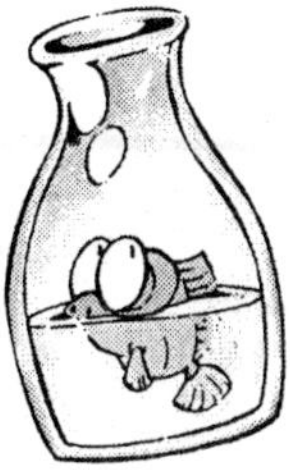

這個課長缺乏「我也是經營陣容中的一員」這種自覺。他以爲，使公司陷入如此的困境，責任是在上司或是部屬，他可以不問不聞。

若是換了一位優良幹部，他的回答一定是：

「由於我們這些幹部的努力不夠，才給公司帶來這種禍難，我對這件事感到愧咎萬分。」

如上所述，缺乏自覺，對自己的無能毫無省悟之意的無能幹部，到處可見。此類型無能幹部，說他們是「吃定公司」的窩囊貨，也不爲過。

專家在一次幹部調查報告中，提到中層幹部的立場。

●中層幹部的職責，大致如下：

A、代行上司的一部份工作（百分比最多）。

B、作育部屬（百分比驟降）。

C、做上級與部屬的溝通管道。

而體認到自己也扮演C的角色的幹部，其百分比居然不到A的五十分之一。由此可知，中層幹部的自覺，顯然偏於一方。

19 沒認清立場的幹部——不知職責的傢伙

在一次經營講座中，講師發出下面的問題：

「上司是爲何而有？」

答語紛紛而至，分類起來就有下列數種：

●「分擔經營者的工作。」

●「輔佐經營者。」

●「統率部屬。」

●「激發部屬，提高業績。」

●「執行公司的方針、目的。」

●「有效執行各種計劃。」

●「帶動部屬。」

答案之所以參差不齊，是因爲職位不同（股長、課長、經理），幹部的立場與任務、責任範圍也隨著不同之故。

部門不同，職位也就不同。他們各自站在自己的立場回答，因此，答案就參差不齊。這些答案雖然都不很周全，但是，也不能說有何錯誤。

一位經營顧問師，曾經在演講中，被問說：

「課長、副理、經理有什麼不同？」

之所以發生這種問題，是由於那些職位制度，並不是爲了業務需要產生，而是由於「人事政策」而產生之故。

這就難怪讓那些幹部對自己的職務所在，大起疑竇了。

不是爲了企業組織上的需要而造出的職位，當然讓人發生「爲何而有」、「有何不同」的疑問，可是，真正的問題倒不在這裏。幹部應該正視的問題是：

「我，爲什麼是個幹部？」

而對這個問題從不思考、自省的幹部，可說是多得不勝舉例。

「爲什麼是幹部」的答案，當然，依其立場與人而不同，但是，重要的事並不在這裏。身爲幹部必須不時自問：

「我，爲什麼是幹部？」

如此一來，他才會想到：

●一個幹部必須具備的能力是什麼？

●幹部萬不可缺的條件是什麼？

由此檢討：

●我缺乏哪些能力、條件？

●我在哪些方面必須「自我啓發」？「自我革新」？

如果，對這些事渾然不知、不覺，還自以爲是「標準的好幹部」，擺出不可一世的傲態，那就無藥可救了。此類型不知自省、奮發、進取的幹部部，對企業而言，就是害群之馬，及早掃蕩爲妙。

20 不知自己有何能力的幹部——無法看穿自己的傢伙

不少幹部從來不曾想到自己的能力到底是怎樣一個程度。不認識自己到了這個地步，只能嘆一聲「夫復何言」了。

了解自己的能力是何種程度，才能採取適合自己的領導方法，管理效果才會大彰。下面就是隨能力的程度而活用領導方法的例子。

(1)對部門的工作精諳到家，工作上又是此中老手，就隨著自己的意思去領導。

(2)並不是個中老手，就要活用傑出的部屬所具有的知識、智慧，讓他當輔佐人物。

(3)對自己的能力沒有自信，就先把自己的方案通知部屬，讓他們研討之後才去實行。

(4)信賴部屬，把全權委給部屬，最終的責任由自己擔當。平時，爲了讓部屬好做事，從旁全力支援他們。

從這些方法中，採取那一種，或是混合其中的數種，全看自己的能力程度如何而定。身爲幹部必須時時考慮到：

對某些工作，我的能力程度是B，我就採取適合於B的方法來領導部屬。知道自己的能力程度，就能知道自己缺少的是何種能力，以它做爲開發自己的資料。

不知道自己的能力程度，就永遠無法開發自己而立下「尺度」，時日已久，還得不時依靠上司、部屬，那就太不像話了。

21 無意啟發自我的幹部——悶死部屬的傢伙

對啓發自我毫無興趣的幹部，比想像中還多。有些人，在股長、課長的時代，認真用功，專注於能力的增長，曾幾何時，爬上了經理寶座，就進取、向學之心銳減，再也不肯啓發自我。

這種傾向，多見於四十歲前後的幹部。現代工商社會的進步，一日千里，變化之快，令人嘆爲觀止。將來，這種趨勢也只增無減。因此，無意或是懶於進取的幹部，只有被淘汰、落敗的份。

這不是危言聳聽，而是事實。那些無意啓發自我的幹部，通常都拖著下面的心態，對向上之事持著「嗤之以鼻」的態度。

● 「我爬到這個職位已經滿足了，何必再辛辛苦苦去求新知？」

●「再下功夫去求知，也只能爬到這個職位而已，何必白耗心力？」

●「一切都很順當，沒有啓發自我，我還不是過得好好地，何必多此一舉？」

換句話說，他們有了趾高氣揚，目空一切的傲心。

缺乏啓發自我意願的幹部，有下列弱點。

⑴從來不去思考下面的事：

●幹部必備的能力是什麼？

●目前的職位所需的能力是什麼？

⑵由於不去思考、自省「爲了完成目前的職務，我還缺少什麼知識、技能、態度」，因此，對自己能力不足的現象，無從察覺。

⑶幹部爲什麼必須啓發自我？對這個問題，從來沒有任何體認。

有些幹部，雖然有意啓發自我，但是，不知如何下手，這種人只要不恥下問，或是多方涉獵群書，就有開竅的一天，還算有救。

那是從來不做此圖的不良幹部，有朝一日，他目前所擁有的知識、技能，也會逐日不管用，終必淪爲企業不會重視的「庸才」，痛失前程。

22 只顧眼前的幹部——缺乏遠見的傢伙

幹部日常必須面對的問題有兩種。

其一：眼前必須解決的問題。

其二：涉及長期性將來的問題。

所謂眼前的問題就是，現在必須「立刻」加以解決、處理的問題。所謂將來的問題就是，目前雖然沒有表面化，不久的將來定會表面化的問題。

這兩種問題，都要同時顧到。而幹部的優劣，就在他如何處理這兩個問題中，顯現無遺。

●優良幹部的作法：

A、眼前的問題，可以親自解決的，他就迅速處理完。

B、可以委給部屬去處理的事，就全權委託部屬，自己則向將來性的問題挑戰，不斷搶先打出各種對策。

●無能幹部的作法：

A、全部的時間都耗費於眼前的工作。

B、無暇顧及將來性的問題。

無能幹部之所以如此，理由有二：

●處理問題的手法極爲拙劣。

●誤以爲，只要把眼前的問題處理好，就是標準的好幹部。至於將來性的問題，他認爲那是上級人員的事，他無須爲這來操心。

當然，眼前的問題堆積如山，卻把它擱置一旁，只顧思考著將來的問題，這樣的幹部就不能說是優良幹部。

兩者求其平衡——這才是理想的作法。

23 指導方式有誤的幹部——抓不住重點的傢伙

李先先介紹一個青年進了E企業。隔了數月，E企業的課長向李先生

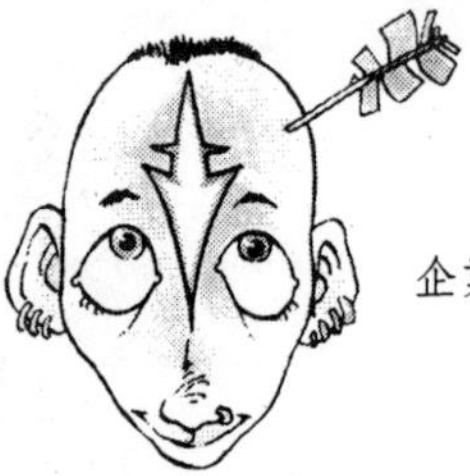

告狀說：「他最近常常遲到，偶爾也來個無故缺勤，敬業精神不理想，請您提醒他。」

李先生急了，當週的星期天就去看那個青年，與他交談，以便了解真相。經過他的解釋，李先生才恍然大悟。

那個青年說的話，大意是這樣的：

「我是個喜歡工作的人，因此，進了E企業後，我就很賣力，自認爲絕不輸給其他同事。可是，我們那位課長，老是抓我的小毛病，例如，說我的頭髮要剪短一些，鬍子也該刮了，服裝要穿得更體面一些……，說的全是一些儀表上應該注意的事。

對於工作的成果，是好是壞，他始終不說一句話。

工作做得不好，該罵就罵，我會坦然接受；同理，做得好，該稱讚就稱讚，我才會更加努力，對不對？

何況，工作場所就是工作的地方，我負責的是不需與外界的人接觸的內勤工作，鬍子、頭髮、服裝即令修飾得不怎麼好，也不至於影響工作效率吧？

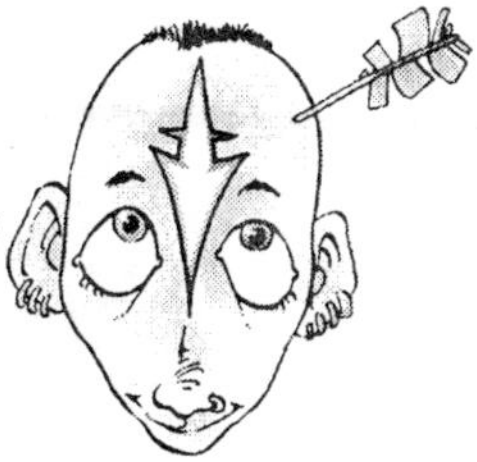

工作注重的就是效率，他卻偏偏不在這方面給我適切的指導，只知在無關的細節窮找渣兒，我才一氣之下，偶爾遲到，或是無故缺勤。妙就妙在，我遲到或是缺勤，他既不提醒我，也不斥責我。做出一定挨罵的事，卻沒挨罵，再沒有比這種事更叫人洩氣的了。因此，我下決心：

『好呀，您不罵，我就偏偏做到讓您挨罵才罷手。』

爲了這個緣故，我才連連遲到，向課長挑戰。我還想不透的是，課長爲什麼不直接罵我，還要勞您來提醒我？我覺得在他下面做事，只會使自己越來越退步，我打算請調其他的課，重新幹起……。」

企業中有不少這樣的幹部。忘了根本，只顧末節，因此，拋棄大才珍惜庸才之事，層出不窮。在年輕部屬心目中，這些幹部都映成無能上司。

一般而言，即使是不大喜歡工作的人，至少也對成就一件事情大有興緻。因此，對工作成果的評價一無所知，他就失去了達成的動機，業績自然下降，這是順理成章的事。

又，雖然小組、集團的業績有了評價，如果，個人的業績未獲認定，成就感、達成感的欣悅，也無法獲致，一個人的工作意願就此大爲低落。

前面所說的這個幹部，由於怠忽了部屬的工作評價，造成「否定其成就」的結果。他那個年輕部屬，大爲不滿而故意連連遲到、缺勤，是其來有自的。

24 突起變卦的幹部——沒一個準的傢伙

在某次座談會中，一個年輕人發言說：

「我們課長說的話，經常變卦，這件事使我們頭痛萬分。例如，前個月他對我說：

『請你調查○○公司新商品的銷售情況，整理成一份報告表，這是很重要的工作，拜託了。』

我當然當真，立刻動手。耗了約莫十天的時間，將它整理成一份報告書，拿到課長那裏，他卻說：

『這種商品跟我們公司扯不上一丁點關係，幹嘛調查那種問題？』

當時，我愣了半天。事後我想，這位課長不是患了健忘症就是吃錯了藥。從此以後，不管他說話說的多有道理，我都覺得他是個傻瓜，再也不信賴他了。」

另一個年輕人接著說：

「現在的中層幹部，說話不算話，或是說了之後又毫不在乎地變卦的人，好像不少呢。」

的確，說話沒一個準，隨時因場合的不同而變更內容的幹部，實在叫部屬受不了。妙就妙在，他本人對這種「隨時變卦」的禍害，卻一點也沒察覺。

例如，昨天還大倡說：

「企業是社會的公器，因此，必須顧到社會責任，不能只顧私利。」

今天卻忽然來個大變調，說：「企業是生意，生意就要賺錢，因此，追求利潤才是企業的第一個目的，其他的事可以暫時不管。」

這樣的幹部，不但讓部屬無所適從，也會引起部屬對他的不信任。

此類型不良幹部的弱點是：

●沒有明確不移的目標與方針。

●對企業的經營方針，昧然不知。

●不時動搖意志、信念。

上司的方針、意志不斷動搖，部屬當然也處於動搖不定的情況下，怎能叫他們安心工作。

25 奪部屬工作的幹部——典型不良上司之一

看到部屬做的工作不怎麼順利，就不分青紅皂白，把它搶走——就有這種不上路的幹部。「搶走」的結果，有兩種。

●把那件工作交給另一個部屬。

●由幹部自己做那件工作。

前者的用意是：「他呀，真差勁，只好交給別人去做了。」

後者的用意是：「唉！還要把個中細節一一教他，多麻煩！還是我自

己來做比較快呀！」

不管是哪一種，就工作被「搶走」的部屬而言，工作被「搶」是最大的侮辱。

這種創傷，比獎金被扣減、加薪之議暫緩，還讓他難過。也就是說，他會認爲，這是一種極重的處罰，因而喪失工作意願，或是懷恨上司。

不分青紅皂白就搶走部屬的工作，這種幹部等於對部屬的心理一無關心，可說是感性極度缺乏的人。此類幹部的通病是：

●不曾考慮到部屬爲什麼做不好那個工作。

●即使原因是在部屬以外的因素，他也不會察覺到。

●不會利用這種機會，對部屬施以機會教育，藉此充實部屬的知識、技能、盡作育之責。

由於部屬做不好工作，就只知搶走他的工作，做部屬的人就永遠無法成長、茁壯。

某次問卷調查中，有一個問題是：

「你最討厭的是怎樣的上司？」

答案中百分比屬於高位的就是：

「不辨原因，隨時把部屬的工作搶走，自己去處理的上司。」

幹部們應該三思此言。

26 替部屬工作的幹部——炫耀本領的傢伙

有些幹部很喜歡替部屬工作（做部屬該做的工作）。也許，他自以爲幫了部屬的忙，或是意思在表現「以身作則」。其實，這種人就沒有資格居於幹部之職。

某企業有一位很會打算盤的課長。

他有一個習慣：經常替女性部屬做計算傳票的工作。算完了，總是不忘誇一句：「怎麼樣？我算得很快吧!?」

其實，這個課長忙著打算盤的時候，那位女職員卻在旁享受「偷閒之樂」，對她工作效率的提高，百無一用。

非但如此，全課的人反而都在背後稱他爲「笨貨」，對他投以輕蔑的眼光。幹部做部屬在做的工作，縱使他有多大能耐，也無法做出三人份、四人份的工作。

同時，他也忽視了下面的現象：

●部屬因而偷懶。
●部屬的工作受此干擾，效率減低。
●未曾察覺自己替部屬工作，只會給部屬偷懶的習慣，同時也引起部屬的蔑視。

當幹部熱衷於部屬該做的工作，等於造成如下的損失：

●幹部原有的功能（例如，全盤性的統御、管理、激勵、督促、指揮等等的工作）就大受影響。
●幹部替部屬猛工作那一部份的努力，不但抵消，還招致更大的負面作用。

無能幹部不但對此無所察覺，對「部屬討厭上司此一作風」的事實，也渾然不察。

優良幹部對這件事的看法就不同。他會認爲：與其賣力做部屬該做的工作，不如運用那個時間，替部屬想出工作更容易做的各種方法。

27 不讓部屬直言的幹部——讓部屬洩氣的傢伙

比較起來，現在的部屬比以前的部屬，敢於向上司直言，這倒是個好現象。這是言論的自由獲得保障，社會民主化的一大貢獻。

企業中的部屬，在合理範圍內，向上司直言不諱，應該視爲一種進步現象。但是，有些企業幹部，卻不許部屬直言。

自己把部屬的意見壓制，卻不認爲自己有此行爲，這種企業幹部，爲數不少。每一個企業幹部，當有人問他：「你的部屬，在工作上是不是可以向你直言？」

回答總是：「他們可以自由地向我提出任何意見。」

實情卻是：他們的部屬，有一大半以上不認爲如此。

不錯，幹部也是人，當部屬不顧一切，把一些工作上的不合理狀況，毫不客氣地當面指出，除非是修養有方的幹部，多多少少會產生阻止的念頭。

問題是在，阻止之後，部屬就大爲洩氣，從此一語不發，把對上司的不滿深藏在心中，再也不肯對工作全力以赴。要知道，肯或是敢於向上司直言的部屬，一定是對工作有熱忱，平時也認真賣力的部屬。

幹部應該誠懇地聽取他們的直言，然後平心靜氣，互相研討，以定取捨。如此一來，即使幹部礙於實情無法採納其意見，部屬不但不會怪他，反而認爲受到尊重，而對這個上司更加敬重。

28 討厭員工社團的幹部——忽視伙伴意識的傢伙

有些幹部很討厭員工社團，從培養團體意識的觀點來說，這樣的幹部也令人不敢恭維。

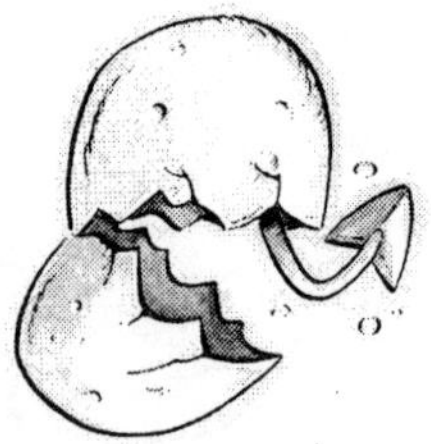

員工社團就是興趣、嗜好相同的員工，組織一些小團體，利用假日或是晚間，做一些有益身心的活動。他們的特點是：

●彼此投緣、感情不錯。

●嗜好雷同。

●有互助、上進的意義。

●連帶感很強。

雖然人數不多，倒也可以「偷得浮生半日閒」，這種從事有益身心的活動，爲工作的疲勞帶來清涼劑的作用。對這一類員工社團極端討厭的幹部，忽視了它的九大功用。

(1)它，成爲吸引成員留在企業的原動力之一。

(2)它，使成員在企業中有所適應。

(3)它，使成員對工作更加賣力。

(4)它，促進了工作上的協助體制。

(5)它，使成員自動解決伙伴們之間發生的各種麻煩、糾紛，替上司省了不少力氣與精神。

(6)它，使成員在工作當中，發揮了無比的團隊精神，對工作效益之提高，大有貢獻。

(7)使成員的伙伴意識大大提高，彼此照應、關切，發揮善性作用。

(8)成員都會彼此鼓勵向上，遵守規則，一絲不亂。

(9)達成構通、媒介的作用。

聰明的幹部，都會對這一類員工社團，善盡輔導之責，使它與企業的組織、工作、人際關係，發生善性作用，從中獲得企業效益。

無能的幹部卻只想到員工社團「百無一用」，甚至是有礙工作的小集團，而想盡辦法加以各種壓力。

結果是：不是逼使員工的工作意願低落，就是招來部屬的反抗。

29 討厭創意的幹部——對創意不懷好感的傢伙

有些幹部把部屬的提案、創意，視如九世大仇，猛加挑剔，這實是怪

事一樁。

當部屬把他的傑作搬到上司面前，上司就以如下的話，潑他冷水。

●「喂，喂，你是怎麼了，這種玩意十年前就有人試驗過了，你難道不知道呀？」

●「嗯……我倒沒有問題，可是我們那位經理，不知作何評語呢？」

●「構想不錯，可是定要耗費很多錢，怎麼可能實施？別作夢了。」

●「唉喲，你饒了我吧！向上級提出這種方案，我可要被笑死了！」

這些調調的話，只會產生這樣的結果：

(1)部屬的「創造力之芽」，連根被拔。

(2)壓制了部屬的工作意願。

此類型不良幹部之所以如此，原因有二：

(1)對部屬的創意極盡挑剔之能事，藉此表示自己的權威。

(2)偷懶成性，生怕接受了部屬的創意後，自己要爲實現那個創意而忙碌不堪。

30 醃住部屬的幹部——對熱忱潑冷水的傢伙

在部屬還未熟練於工作時，就頻頻調換他的工作，這種幹部可說是缺乏作育能力的上司。但是，讓部屬長期做同樣的工作，而不給予變換、調動的機會，這種幹部也是缺乏作育能力的上司。

有些企業幹部的作風，是一個部屬就某種崗位之後，不管合不合適，一律把他「醃」在那個崗位，絕不考慮讓他做其他工作，或是其他職務。

這些不良幹部的觀念是：擁有很多習慣於各自的工作的部屬，他就容易指揮、管理，自己大可逍遙自在。

說來，這是只顧私利的行爲。可要知道，當一個人學通了某種工作，他對工作的熱忱就自然而然減退，這時候，如果還一直把他「醃」在同一個工作崗位，就會產生下列現象。

●對自己的工作失去新鮮感。

●對自己的生活失去充實感。

●因而喪失對工作的熱忱。

●如此一來，部屬的成長就到此爲止。

有些幹部常常動腦筋，想把表現不佳的部屬，調到其他部門，而某些特定的傑出部屬，則千方百計留他在原來的工作崗位。

這樣的幹部，也等於在扼殺部屬的能力，拔除部屬生長之芽。

不少優秀部屬，由於被上司用這種手法，留著不放，到頭來失去了獨當一面，發揮潛能，以及晉升的大好機會。

某家工廠的一位年輕工人，曾經說：

「跟我同時進來的同事一個接著一個，接了新的工作，不斷地成長、進步。至於我，從進來的時候，上司就以『優秀人才』爲藉口，一直把我留在現在的單位。別家工廠常常派人來勸我跳槽，雖然我有意另謀出路，上司還是那句老話——優秀人才不能放走。如此一誤再誤，現在跟那些同時進來的人相比，我已經落後了一大段路。我目前負責的工作，已經學得差不多了，真想請調到其他的部門學習新的工作，但是，上司還是不准，搞得我連工作意願都快沒了！」

對這一類工作既認真，表現又佳，也企求再上一層樓的部屬，身爲上司，應該考慮到他們的將來，設法送進更好的學習環境中，讓他們繼續茁壯、成長。

不作此想，只知猛拉住他，留他長年累月地做已經失去興趣的工作，於公於私，皆有損失。

留住優秀部屬，雖然幫了上司很大的忙，可要知道，其他的部屬由於不受重視，也會引起他們的不滿，產生很多無謂的麻煩。

此中得失，應該有個理智的判斷才對。

31 使部屬機器化的幹部——把部屬的銳氣消滅的傢伙

一般企業都懸出「員工必須如此如此……」的目標，打算將從業員標準化、規格化，藉此提高工作效率。

幹部們也循其目標、方針，刻意以「標準化、規格化」的管理方式，

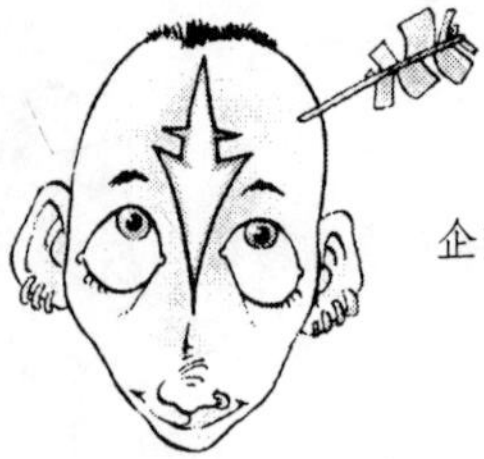

對付部屬。

將衆多部屬當成同樣的一個人來處理，這件事站在幹部的立場來說，可算是方便不過。

也許，在半世紀以前，這個方式還能管用，時至今日，此類將部屬當機器來管理的手法，已經失靈，發揮不出什麼效用了。

所謂標準化、規格化，要言之就是把人當做機器。時下的年輕人，越來越多樣化、複雜化，怎麼可能安於「機器人」那種管理方式呢？人，畢竟是人，並不是機器，就算部屬有意成爲機器，也產生不了什麼好處的。

怪就怪在，有些經營者與管理人員，到現在還強調下面的話：

「年輕人應該聽從經營者與上司的話，一切都要服從到底。」

這就等於封閉了年輕人自由創造的意願，也不承認年輕人有自主的能力。如此作風，對企業的發展，員工的成長有什麼好處呢？

養了一群唯唯是從的年輕人在企業，如何在瞬息萬變的企業界，贏得勝利呢？

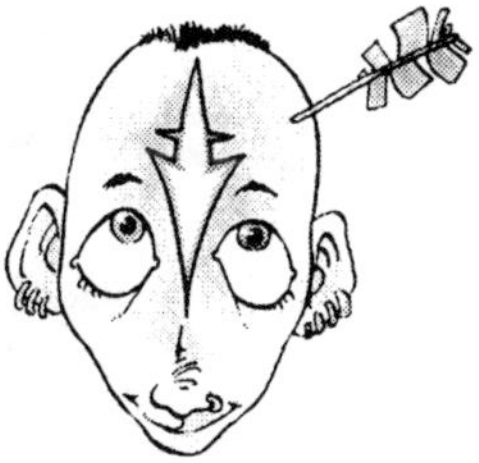

32 輕視單純作業的幹部——逼人成為機器人的傢伙

企業中有不少稱之爲單純作業的工作。

有些經營者與幹部，雖然不敢明講，卻對那些單純作業抱有蔑視的念頭。甚至對從事那些單純作業的作業員，也加以蔑視，大言不慚地說：「對他們而言，自主性、創造性都是多餘的，把他們當機器人就好了。」

請記住：不管是多麼單純的作業，既然有必要讓它存在，那就表示，這件事本身已經暴露了經營者與管理人員的無能。

如果，確有存在的必要，即使是單純到極點的作業，也該重視它，絕不能用「嗤之以鼻」的態度視之。

身爲上司，若是輕視那些單純作業，從事那些工作的部屬，必定也瞧不起那些工作，由此喪失了工作意願，生產效率當然也隨著下降。又，把人機器化是一個人最不能忍受的事，由於它的違背人性，部屬當然產生早日脫離那個工作場所的慾望。

由此可知，只求自己是「人」，部屬可以是「機器人」的幹部，是犯了荒謬的錯誤。如果對這一點毫無自省，那種上司便是無能上司了。

33 從遲到、缺勤看人的幹部——不考慮原因的傢伙

不看工作表現，只以常規（遲到、早退、缺勤）爲考績重點的幹部，也該列爲不良幹部。

一般而言，幹部對部屬的遲到、缺勤，相當敏感，爲了消除這個現象而大傷腦筋。也許，這是由於遲到、早退、缺勤，對業績、生產效率有影響之故。

另一種可能就是：把遲到、缺勤當作「惡事」之故。

(1)罪惡觀念的根深蒂固

遲到或是缺勤，之所以被看成「惡事」，主要原因可能是它對生產效

率有影響。

對生產效率有影響的一切行爲，因而也就被看成「惡事」。

曾幾何時，由於「惡事」的意味，過分被強調，變成與生產效率、工作效率漸漸發生不了關係，終至演變爲，遲到、缺勤是一種「惡事」，一種「罪惡」的觀念，在一般人腦中，根深蒂固。

這就產生了如下的結果：

●即使業績不佳，只要不遲到、不缺勤，就可以普普通通地加薪，領年終獎金。

●即使業績不差，如果常有遲到、缺勤的紀錄，加薪、年終獎金都會受到扣減的處分。

幹部之所以對部屬的遲到、缺勤，異常敏感，原因不在於它對工作有影響，而是由於遲到、缺勤是罪惡的觀念，業已根深蒂固。幹部本身也會從部屬的遲到、缺勤多寡，而被評定爲是優，是劣之故。

因此，他們對部屬的遲到、缺勤，總是費盡心機來防止。可是，與他們付出的心力相比，效果並不好到哪裏。理由如下：

(1)時下的年輕人，對缺勤、遲到、早退，不像年紀大的人那樣，懷有罪惡感。對企業組織的約束力量，也不當一回事。對這一點，很多幹部並沒有察覺。

(2)罪惡意識強烈的幹部，由於根深蒂固的觀念作祟，只知責備遲到、缺勤的行爲，但是，絕少探究「爲什麼遲到、缺勤的人那麼多」的本質上的問題。

因此，他們也不會想到，該在制度上附有何種條件，才會消除遲到、缺勤的現象。只想緊抓住原有的制度，來解決這個問題，當然是效果不彰而頭痛欲裂了。

(2)遲到、缺勤成因的複雜化

由於年輕人的多樣化、複雜化，遲到、缺勤的原因，也愈趨複雜。年輕人不喜歡刻板的企業制度，遲到、缺勤就是對企業刻板的制度一種抗拒的行爲。

換句話說，把每一個遲到者、缺勤者都一概當成「懶人」，並不盡妥

善。下面是一個例子。

S是遲到慣者。他故意以遲到來抗拒上司把遲到當做罪惡的觀念。每次遲到，S就受到上司嚴厲的責備，但是，S可不理仍然我行我素。

他一直抱持的觀念是：

「稍微遲到，怎能算是罪惡？只要業績能夠提高，偶爾遲到又有什麼關係？」

的確，他雖然常常遲到，業績算是頂瓜瓜。在四十三個課員中，他始終保持前三名。每當上司提醒他，他就反駁說：

「遲到，爲什麼是罪惡呢？遲到而猶能產生業績一百二十的人，與從不遲到而只有業績八十的人，您到底要選誰？」

上司計策用盡，只好由他。

可是，就在上司只好由他之後，S的遲到毛病，也嘎然而止。

遲到、缺勤的原因，不一而足。它的複雜性將因社會、環境的愈趨複雜而只增無減。上面所說的例子，倒值得所有的幹部，再三思考。

S並不是惡劣透頂的課員。他只是對上司把遲到、缺勤當作罪惡的觀念，不敢苟同，以實際行爲表示他的抗拒心。

如果上司是一個善於察言觀色，又是肯與部屬協談、溝通的人，一定找出問題的癥結所在，爲S化除心中的「結」。

如此一來，S很快就恢復正常，不再與上司過不去。上司呢，也從這個經驗可以獲得很多啓示，對他以後的領導，必有助益的。

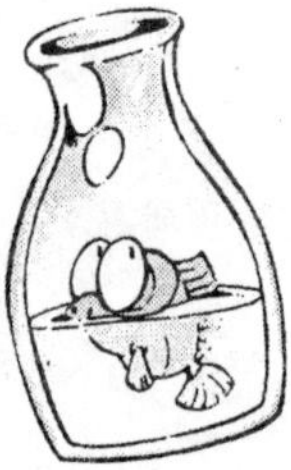

34 戴現代化假面具的幹部——言行不符的傢伙

越是無能的企業幹部，越會戴著現代化的假面具，說些聽來很合人心意的話。其實，在內心裏他們卻藏了封建的、不近情理的觀念。

這些幹部常常說的一句話是：

「我這個部門，從來不對部屬的言行，濫加束縛。我讓他們充分發揮潛能，希望他們日日精進，因此，每一個部屬都朝氣蓬勃，愉快工作。」

說歸說，在實際上這些幹部動不動就露出專擅、獨斷的毛病，實行不

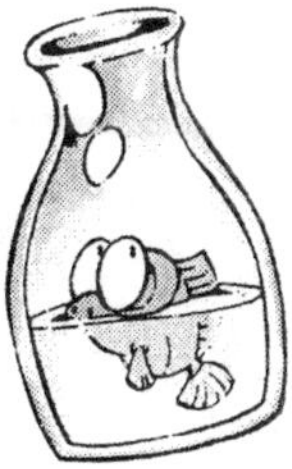

公平的考績手法，部屬們只是抑壓著滿腔怨惱，忍著不說而已。由於部屬們不把心中的不滿形之於言，上司就以爲他們都在快樂工作，無一怨言。

這些無能幹部沒察覺到下面的事實：

- 部屬縱然有話想說，但是，那些話若難以啓口，他們就不會在上司面前說出來。
- 部屬不說出任何不滿或是意見，並不表示他們沒有不滿或意見。無能上司對這一點居然未曾察覺，令人不能不懷疑，他爲什麼能夠居於幹部之職。

35 不聽申辯的幹部——一口咬定的傢伙

部屬爲了做錯事或是犯了某種毛病，難免要對上司說明理由。有些理由實在非說不可。這一類的申辯，上司往往當做「強辯」而置之不理，甚至斥責部屬一句：

「少廢話吧！做錯就做錯，老實認錯不就好了？」

也許，這些幹部從小就受到「申辯不可有」的家庭教育，口氣才如此肯定的吧？

有些幹部認爲：申辯就是頂撞上司的行爲。

年輕人很會申辯，這是事實。上司責備或是提醒他們，他們也常常反駁得振振有詞，這也是事實。

申辯這件事，內容也頗多表面上無法駁倒的，因此，做上司的人也常常爲如何指導部屬而感到迷惑。但是，必須認淸的是申辯有兩種。

(1)即令辯詞有多巧妙，他本人也知道那只是一種「強詞奪理」式的申辯而已。

(2)他本人「堅信」申辯的內容是對的。

遇到這種局面，有才能的幹部就採用下面的方法。

●對付(1)的方法：

A、由於他本人也知道這是「強詞奪理」式的申辯，事後總覺得有點不好意思，且有感愧的念頭，此後他就不太敢再犯這種毛病。因此，上司

聽了他的申辯，也不加以任何的責備，只採取「由他去」的態度，不過，還是暗中觀察他的態度有何變化。

這時候，上司如果反駁他，他就被逼得非把前言後語說攏不可。當他致力於說攏的時候，不知不覺中就自以爲他的理由是真實不假。因此，上司在這個節骨眼，絕不能反駁他。

B、他堅信「申辯」的內容是真的，因此不把「申辯」當做「申辯」。

這些人在過去必定如此申辯而成功過。例如，以粗野的口氣反而討了異性的喜歡啦。推銷員在輕輕鬆鬆中完成了某種銷售工作啦。他們就是以類此的經驗做爲基準，說出他的辯詞。

由於有這種錯誤的「成功觀」，如果，只憑理論去說服，必定失敗。爲了讓他經驗到比他有過的成功體驗更好的經驗，上司就說：「你說的也有道理，不過，這件事必須這樣做，你就別提你的道理，照這個方法去做吧！」

叫他如此做之後，由於上司教的是正確的方法，他一定馬到成功。當他成功了，他就恍悟自己的方法原來是錯的。

那些不良幹部，由於對這些「申辯」的內情不盡了解，只知把部屬的「申辯」當做頂撞，因此，劈口就罵說：

「你少申辯吧！」

如此從頭一壓，徒使部屬大爲不滿，對問題的解決也一無幫助，不算是高明的方法。

36 對部屬的禮節漠不關心的幹部——年輕人並不討厭禮節

企業內部的禮節至爲重要。但是，不少幹部在教育部屬的禮節方面，沒付出應有的責任。

也許，這是年輕部屬不在意禮節招來的結果。幹部生怕在這方面太嚴格就會遭到部屬的反對，因而平時都不關心這個事——實情可能是如此。

事實上，自古至今訓練禮節的重要性都被肯定。即使是年輕部屬，內心並不討厭禮節的訓練，他們也承認禮節不可廢。

年輕部屬之所以討厭禮節，原因是在，有些禮節不合乎時代感。只要合乎時代感，他們當然也舉雙手贊成，絕對沒有反對的道理。

由此可知，要使禮節的訓練，宏效必現，幹部就要注意到：

●哪些禮節，必須合乎時代感。

●哪些禮節，年輕部屬一定會欣然接受。

●哪些禮節，必須是企業人所需的必要限度之內。

這些禮節訓練的內容，當然因職業種類而略異。不過，一般而言，當如下述：

●一個企業人必有的態度、措詞。

●應該遵守的企業規律。

●完成責任所需的自主能力。

●培養協調性。

●養成啓發自我的習慣等等。

不管如何，禮節的目的是在把一個人引導到「善」、「美」的方向，使其習慣化。實施禮節訓練的時候，切忌性急、過分嚴厲，以及帶有強制

性，否則，難以產生效用。

人，學會一件事的過程，通常是：

●先用耳朵去聽。

●接著，以眼睛去確認學習的效果。

●然後，以全身去學習。

●最後，徹底學通。

因此，實行禮節訓練的時候，也要循此過程。

●先說給他們聽。

●提示模範動作，讓他們用眼睛去確認。

●最後，讓他們做實際的體驗。

訓練禮節的方法，也相當重要，上司必須注意到下面這幾個手法。

●一次不要教多種項目。從最重要的項目，或是最容易的項目，一項一項教好，依次漸進，效果必大。

●也可以先調查部屬最希望學習的項目，從那個項目先教起。

如果，採取上面所說的過程與手法，部屬們一定樂於學習，絕不會對

此有所反對。

時下的年輕人也承認，一個人如果在禮節、教養上沒有心得與習慣，在社會上難以立足，自己也成長不來。因此，上司如果對此毫無關心，他們就覺得這個上司沒有負起應負的責任，反而不會信賴。

無能上司才會認爲，年輕部屬討厭禮節訓練。這種上司應該先反省自己的「拙於禮節訓練」。

37 管理偏於一方的幹部——抓不住重點的傢伙

在一個課，同時負責兩種以上的業務時，有些幹部會造成下列現象：

●對自己有經驗的工作，或是很深入了解的工作，付出極大的關心，也會特別賣力。

●對自己沒什麼經驗的工作，或是不深入了解的工作，就不太關心，甚至採取放任政策。

又有一種幹部，卻與此相反。

●自己深入了解的工作，由於自己已經瞭若指掌，即使部屬創造了佳績，也覺得不稀罕，只輕描淡寫地說道：「本來就應該做出那樣的業績來的。」

●自己不深入了解的工作，由於自己不太了解，就特別重視，所以，當部屬創下了並不怎麼樣的業績也大加讚語，勉勵說：「幹得好，再加油吧！」

又如，有關創意的提案，如果是與自己詳知的工作有涉，就不輕易採納。反之，與自己不詳知的工作創意，就把平凡無奇的創意也當做難得一見的創意，無條件地立刻採納。

這樣的作為，叫做「偏於一方的管理」。它所造成的缺陷是：

●部屬做上司重視的工作時，由於上司重視那個工作，做起事來常覺得特別有勁。

●部屬承辦上司輕視的工作時，由於上司輕視那個工作，做起事來就懶洋洋地。

有些幹部對這個現象一無所知，在無意識中一直做這種「偏於一方的管理」。另外，在工作的分配，不少幹部在管理上也犯了「偏於一方的毛病」。例如：

●自己熟悉的工作，就大量分配給部屬去做。

●自己不熟的工作，只要部屬叫一聲「負荷太重」，立刻無條件改爲少量。

偏於任何一方都不妥。身爲幹部應該對承辦的每一種業務都要熟知，然後，做平衡不偏的分配才好。

38 討厭年次休假的幹部——把不休假當美德的傢伙

「每當向上司提出年次休假的要求，上司就一臉不高興，害得我們這些做部屬的人，很難開口。」

部屬這種埋怨，在好多企業中，都可以聽到。之所以有此現象，原因

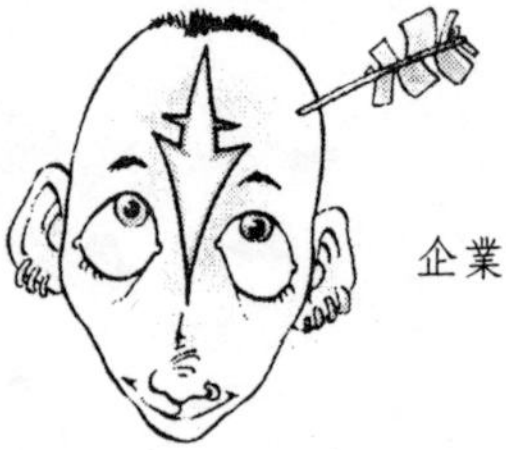

是在，還有很多經營者與幹部，把不休假、不缺勤當美德之故。

不遲到、不缺勤或許可以視爲美德，把不休假也當做美德，這就有點牽強。

現代社會帶給人類肉體上、精神上的疲勞，有目共睹。光是一週休息一天，似乎難以消除累積已久的疲勞，若想再產生新的精力，那就更難。

年次休假的目的，就是要把只靠周休無法消除殆盡的、蓄積已久的疲勞，另以年次休假補充，使企業人產生新的精力。

我們對年次休假，應作如是觀。

年次休假的特性是：

(1)它是不伴隨任何義務的、自由的時間。

(2)爲了滿足自己，可以從事任何休閒活動的時間。

(3)年次休假可以使企業人恢復真正的活性，所以，它也是創造生活、生命新意義的時間。

總而言之，恢復一個人活生生的人性，便是年次休假的最大目的。既然如此，身爲上司，應該爽爽快快准許部屬申請年次休假，讓他們快快樂

樂地享受年次休假，千萬不要刁難他們，或是造成讓部屬難以啓口的氣氛局面。與其不給年次休假，致使疲勞蓄積造成工作效率的低減，不如大大方方准其所請，讓他們恢復活性，給工作場所帶來朝氣。

此中得失，不言已明。因此，部屬申請年次休假就一臉不悅的上司，實在是愚昧到了家。

39 拙於統合的幹部——只會怪部屬的傢伙

「我這個課的部屬呀，真是隨隨便便各行其是，看來毫無章法，實在叫人傷透了腦筋。」

如此嘆聲連連的幹部，爲數頗多。

嘆聲還好，有些幹部卻把毫無章法，秩序蕩然的現象，當做部屬的責任，說得好像與上司的他，搭不上一丁點關係。

工作場所秩序蕩然，表示身爲幹部的人缺乏統合的能力，這可是一個

幹部致命的缺陷。所謂缺乏統合的能力，意思是說，沒有統御力。缺乏統御力就是表示，缺少如下的能力。

●統御所需要的條件是人，以興趣、情緒的穩定、自信、感性、說服力、知識等等爲技術，對這人活用的能力。

●職位之外，個人所具備的權威。

●有關個人與集團的知識等等。

從具體的角度來看，缺乏統合能力的幹部，一般而言，都有如下的弱點：

●在部門中，拙於擬定集團（課、股等）目標。

●也缺乏將共同目標帶入集團、成員中的指導能力。

●就算成功地使集團、成員對共同目標有了認識，由於無法促使達成目標所需的方法或是手段趨於一致，表面上看來，好像秩序井然，實則，在情緒上還是各自爲政、各行其是，仍然沒有一個統合現象。

要統合一個課或是股（組），常被使用的方法之一就是「以集團來決定」。這時候，有才能的上司採取的手法是：

●讓成員的參與能力，充分發揮出來。

●藉上司個人的各種能力（例如，廣泛的業務知識、洞察力、判斷力等等的通才素養），巧妙統合。

無能的上司，卻只知安坐於「集團決定」的轎子上，從旁吆喝。如此一來，非但得不到統合的目的，連轎子要跑到哪裏也沒一個準，直到兆頭不妙才慌張失措，鬧出笑話。

40 自以為了解部屬的幹部——無法看穿部屬心意的傢伙

很多幹部常常說這樣的話：

「關於某某的事，我了解一清二楚。」

可是，他自以爲了解得一清二楚的那個部屬，卻在酒席上，往往借酒發牢騷，纏住他說：

「課長，您怎麼不能了解我的心思呢？」

這是任何企業慣見不奇的現象。

爲什麼會發生這種怪現象呢?原因在於，上司並不真正了解部屬，卻自以爲「很了解」、「對他一清二楚」。

所謂「了解」，它包含的內容相當複雜。

它是融合了「好惡」、「投合」、「心靈交流」等等因素，混而爲一的狀態。如果「了解」的內容未含這些因素，就不算真正了解對方。

老實說，要了解一個人可不那麼容易。不說別的，我們想了解自己，就比登天還難。

自己明明是個酒後發瘋，因而惹人厭的人，他自己卻從不作此想，還以爲自己酒德奇佳呢?!由此可知，了解別人實在不是一件容易的事。就算了解，那也是指「只了解一部份」而已。下面就是真實的例子。

（例一）：

會計課H課員，平時以奇吝聞名。他避不與同事交際，即使是小錢的支出，也盤算再三，因此，大夥就給他起了「守財奴」的綽號。

後來，傳出一個消息，說H靠他微薄的收入，照顧亡兄的四個遺族。

真相大白，大夥才恍悟，H何以平時那麼省吃儉用。

（例二）：

某企業的第三課，由於全部辦公室的重新調配，被留在分開的一間辦公室。第三課的成員，從此以後，不滿之聲不絕。

上級以為原因是在那間辦公室設備不佳。於是，重新整修辦公室、照明、桌椅全部換新。可是，不滿、不平還是不絕不休。

後來，經過協談，才知道真正的原因是，他們留在分開的那一間辦公室後，各部門以看「繼子」那種眼光看他們，使他們的自尊心大損。

（例三）：

R課一個工人，平時很認真，由於進取心至為旺盛，常常做其他不是他負責的工作。有一次，為這而犯了錯誤。他的上司不分皂白臭罵他：

「又不是你負責的工作，怎麼可以胡亂動手？下次可得小心。你只要做好自己的工作就行了，何必多管閒事，給我惹出這種麻煩？」

上司這麼一罵，把他的一股進取心也罵跑了。

（例四）：

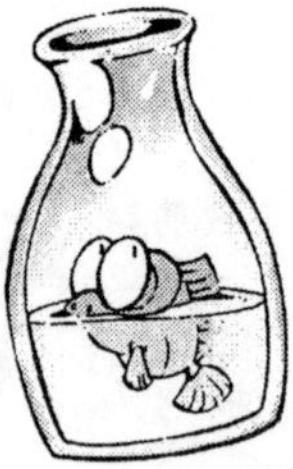

上司認爲F是個機伶、應變力頗強的好人才，因此，平時很器重他。直到F侵佔了鉅額的公款，上司才知道，原來，F是個本性奇壞的一個人。

（例五）：

G在辦公室，平時都畏畏縮縮寡言木訥，一副不起眼的模樣。可是，公司有一年舉行運動大會，他卻在網球賽中，壓倒群雄獲得冠軍。

諸如此類的例子，告訴了我們一個事實：要「了解」一個人，實在不容易。平時，我們說的「我了解某某」的「了解」，其實，只不過是「了解一部份」而已。

某次問卷調查中，曾經對企業員工發出這樣的問題。

●第一個問題（對一百個年輕職員發問）是：

「你認爲，怎樣才是理想的工作場所？」

●第二個問題（對企業的五十個課長發問」是：

「你認爲，什麼才是部屬理想中的工作場所？」

答案如下：

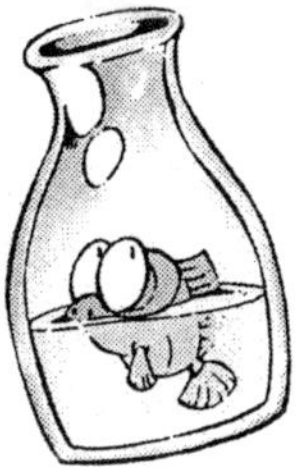

●年輕職員的部份。

第一位：「目標明確的工作場所。」

第二位：「跟任何人都可以輕易、放心地交談的工作場所。」

第三位：「作業環境甚好的工作場所。」

●課長的部份。

第一位：「有親切的上司與資深職員的工作場所。」

第二位：「命令系統井然有序的工作場所。」

第三位：「組織緊張的工作場所。」

答案如此「大有出入」，表示課長們對部屬的了解，實在不夠。這個原因是在，上司以先入爲主式的偏見，搞錯了部屬的意向，以及在價值觀與自己有異的部屬身上，套上上司自己的價值觀所致。

由此可知，要使自己的真意讓對方了解，以及要了解對方的真意，都是很難的。不明此理而把自己昧然不知的事，當做「我已經一淸二楚」，這樣的上司，只能說他是無知，再不就是無能了。

41 動輒「期待」的幹部——毫無意義的說詞

有些企業幹部，動不動就對部屬說：

「公司的將來，全靠你們。公司對你們的期待很大……。」

或者說：

「我們期待各位年輕人，及時奮起努力……。」

以前的職員，只要上司一句：「我對你有莫大的期待。」他就大爲感動，爲了不辜負上司的期待，他就拼命賣力，粉身碎骨，在所不惜。

時下的部屬，如果，上司說這樣的話，感激圖報者當然也有，但是，感到空洞無力或是有如被強迫犧牲的，也大有人在。

一個年輕職員曾經說：

「上司常常說：『對你們這些年輕職員大爲期待』，可是期待這個字眼，使我們覺得好像要拋棄自己的理想，一意跟從上司的觀念。有時候，

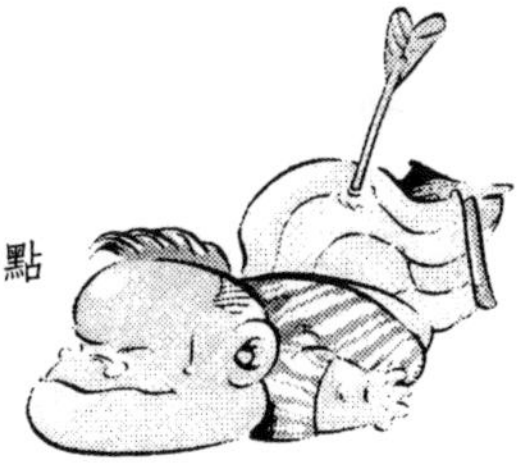

上司說這個話，甚至讓我們有上司在巴結我們的感覺……。」

為什麼有這種現象？原因是在——年輕部屬的理想與幹部對他們的期待，在內容方面有出入之故。

經營者與幹部所說的「期待」，意思是：請年輕部屬好好守著經營者與幹部辛辛苦苦建立的企業，使企業更為發展。

年輕部屬的想法卻是：

●我可沒有永遠留在這個企業的念頭。

●我們有我們的價值觀，我們想實現自己的理想，這件事與企業的發展，扯不上關係。

●你們要我們為維持企業的發展獻出一切，這表示，要我們犧牲自己的理想。

●對我們部屬期待這種事，我們可不敢領教。

●上司說的期待，其實就是要我們這些部屬，依照上司的想法行事，或是故意用這種字眼，巴結部屬，慫恿部屬。

這就是說，年輕部屬有他自己的理想抱負，因此，上司說什麼，部屬

不一定就無條件服從。

如果上司的口氣含有奉承，巴結的意味，部屬又不是傻瓜，當然會一眼看穿。那時候，他就感到空虛，且把上司看成缺乏自信的無能上司，從此瞧不起上司。

好多幹部未曾想到這一點，單純地認爲，只要開口捧部屬，拿「我對你寄予莫大的期待」做恭維話，部屬就乖乖跟隨。

幹部的這一類觀念，也會招來部屬的不滿，因爲部屬會想：「我們這位上司，根本不了解我們。」

42 說「做那種事有什麼用」的幹部——不知浪費亦有用的傢伙

有些人，相信也碰過類似下面的事。

●迷於小說，一天到晚捧著小說看，父親看到了就罵說：「猛看那種小說，有什麼用？」

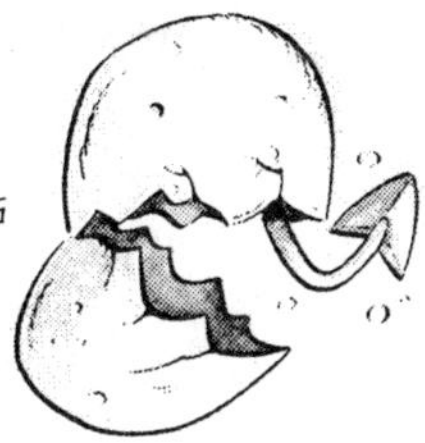

●迷於唱片音樂，到處蒐集古典唱片，卻挨了以正經、頑固聞名的老前輩的罵：「聽那種嘩啦嘩啦亂響的唱片，有什麼用？」

●跋涉山河，爬到巨峰連綿的山麓，過路的住民斥了一句：「花錢又花時間來爬山，有什麼用？」

如果，遇到這種事，相信您也一時語爲之塞，感到啼笑皆非。

再沒有比這一句「有什麼用？」更使一個熱衷於某事的人，更感到傷心的了。如果，那件事又是他生平大志之所在，傷心的程度，恐怕是筆墨難喻的。

在企業中，身爲幹部的人，也常常拿這句話斥責部屬，使部屬大爲傷心。例如，部屬私下動腦在改善某種作業方式，上司就不分皂白地罵：

「幹那種事有什麼用!?」

聽部屬說，星期天都去打保齡球，上司嗤之以鼻地罵一句：

「哼！打保齡球有什麼用？」

此類幹部的毛病就在，凡事從功利的立場出發，不知「看似浪費時間的事，往往對一個人大有助益」的道理。

凡事以功利主義來衡量的人，等於把這個世界看成極其狹窄；人也難大度，心胸必定開闊不起來。

趁年輕的時候，應該做些新鮮而正常的活動。例如，爬山、邊工作賺錢邊享受旅遊之樂……等等。

這些看似浪費、無意義的事，其實，對一個人的人生，必有某些積極意義與作用。幹部們應該切記下面的事實：有時候經驗一些看似浪費、無意義的事，可以使一個人更爲成熟、練達，由此產生一般人想不出來的驚人創意。

對自己的部屬有這種看法的上司，才算是明智過人，作育有術。

43 偷部屬時間的幹部——誰喜歡加班？

上司並沒有下達加班的命令，也沒有什麼可做的工作，可是，辦公室裏還是有好多人留在那裏不走。上司看在眼裏，也不吭半句話。

很多企業都有這種「怪現象」。之所以如此，原因是在身爲幹部的人還有一個錯誤的觀念，那就是：工作時間越長，表示部屬很勤勉，業績也可以因而大大提高。

其實，無所事事而留著不下班，有此習慣，表示上班時間內的勞動密度，相對鬆散，有意把工作拖拉到上班以外的時間。換句話說，在規定的上班時間內，他是怠惰而無效率的。而上班時間內怠惰無效率，就等於「偷」了公司的時間。對這些時間，公司也付出薪水。

對這種現象無所察覺，甚至默認這種現象而不說半句話的幹部，其態度著實令人不敢恭維。

另一個現象更值得注意。部屬留著不下班的原因，往往是在於，上司在「偷」部屬的時間。例如：

●沒什麼緊要的事，卻把部屬叫住，聊談一會。

●不斷地叫部屬做些他職務之外的雜事。

●爲毫無意義的事，召開臨時會議，會議的時間也拖拖拉拉，不知何時才能結束。

這些行爲，都成爲「偷部屬的時間」。

由於在上班時間內，專搞這些毫無效率、毫無作用的「雜事」，逼使部屬不得不把工作時間往後延長，害得他們在下班時間後，還得留在辦公室。此類幹部昧於下面的事實：

●他不知道自己在「偷」公司、「偷」部屬的時間。

●他不知道部屬不喜歡加班的心理。

糟就糟在，下班後還有很多人留著不走（或是不能走）此型不良幹部還會錯覺爲，工作忙碌，士氣高昂，業績必能提高呢！

企業養了這種專「偷」公司、部屬時間的無能幹部，豈非冤枉透頂!?

44 不聽取部屬抱怨的幹部——想不出對策的傢伙

誰都不喜歡自己有不滿或是抱怨。但是，企業內部的不滿、抱怨，時時存在，管理人員必須天天面對它，這是幹部的宿命，怨不了誰。

既然那是一種宿命，也只好認了，並積極正視它，以這種精神架勢去對付。這該是幹部應有的觀念。

事實上，有很多幹部卻極度討厭部屬的不滿與抱怨，對此採取避不接觸，或是極力壓制的不當手法。就爲了這個緣故，他們處理不滿、抱怨的技巧，也相當拙劣。

看下面的分析就知道幹部的優劣所在。

●有才能的幹部：

他認爲，部屬把抱怨搬到他面前，表示部屬信任他。因此，只要處理妥切，情況就會好轉，等於給部屬一種鼓勵，所以，他就積極地與部屬溝通、協調。

●無能的幹部：

他認爲，部屬把抱怨搬到他面前，原因是：

A、故意找上司的麻煩。

B、對上司有反感。

C、這種行爲等於使上司塌了台。

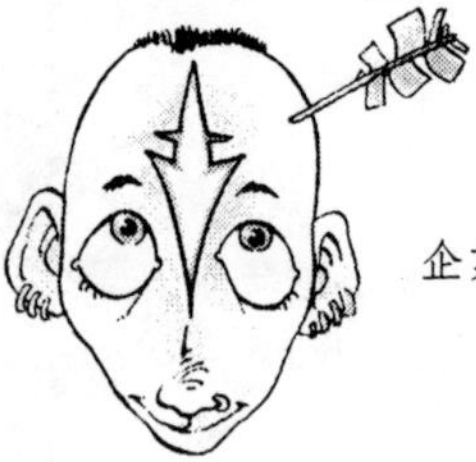

因此，對部屬的抱怨，總是抱著消極的態度，不是說這個抱怨不對，就是說不該有這種抱怨，想盡辦法要打回，因而把事情弄得更複雜，造成糾紛難解的局面。

討厭部屬提出抱怨的上司，通常都有下列弱點中的一種：

●膽小成性，做事小心翼翼。

●拙於問題的處理。

●專擅成性，不許部屬有任何抱怨。

●以一句「算了，算了」，把部屬打發走。

對部屬的抱怨，必須認真去分析，探究原因，對症下藥，才能使原是心情悶悶不樂的部屬，一變而爲心情開朗，誤會盡釋。

如果，竭力避開部屬的抱怨，缺乏解決問題的熱忱與技巧，那些抱怨就一直盤據在部屬心頭，有一天，仍然會爆發開來。

45 錯誤的私生活干擾——幹部優劣的分界線

經營者與幹部，究竟可以干涉員工的私生活到什麼程度，是一件值得探討的問題。干涉的方式很對就合法，干涉的方式不對，就可能犯法。因此，從干涉、介入的方式是不是得當、是不是高明，可以看出一個幹部的優劣。

有才能的幹部，對這個問題，原則上抱著如下的觀念：

●部屬在私生活上有絕對的自由，無須在私生活上受上司的指揮、監督。

●上司的監督、指揮權，不能及於部屬的私生活。

但是，他們也知道，在下列情況下，上司可以介入部屬的私生活（以例外視之）。

(1)部屬的私人行爲，對公司的信用造成莫大的損害，或是有造成莫大傷害之可能時。

(2)部屬的私人行爲，對維持公司的秩序造成壞影響，或是有造成壞影響之可能時。

(3)部屬的私人行爲，對其他部屬造成壞影響，或是有造成壞影響之可能時。

(4)上面所述的現象，有時候可以視情節之輕重，酌加懲戒、處分。

無能幹部則不然。他們認爲：

●幹部的監督、指揮權，當然可以及於部屬的私生活上，意即可以干涉、介入。

●或者完全相反，認爲部屬的一切私人行爲，幹部絕不能做任何的干涉、介入。

兩者的觀念不同，干涉的方式也就不同。例如，假設有一個迷於賭博的部屬，上班情形愈來愈糟，到處揮霍金錢，無心於工作。

這時候，有才能的幹部，他警告的方式是這樣：

「聽說，你最近迷於賭博。迷於賭博，說來，是你的自由，我無意訓你那是對，或是不對，也無意干涉你這種行爲。但是，如果爲了迷於賭博

而影響了公司的工作，我就無法袖手旁觀，一句話也不說。

我觀察過你上班的情形。平時，經常遲到、早退，上班時間也常常打瞌睡，或是趴在桌上小睡。最近，你的業績越來越差，不就是迷於賭博的結果嗎？迷於賭博，那是你的自由，可是，要賭博你就先把份內的工作做好才去賭博呀！」

如此這般，以工作或是上班情形來做爲中心，對方就沒有遁辭可言。然後，如有必要就再補一句：

「聽說，你爲了賭博，到處借錢，被賭債逼得生計維艱，如果這是真的，你的私生活不是已經紊亂到極點了？」

接著，爲他的重建經濟基礎，提供意見，做他的私人顧問。

無能幹部的處理方式，可沒這麼漂亮。一開口他就絕不談工作的事，單刀直入地說：「聽說，你迷於賭博，因而到處借錢，給賭債逼得生計維艱，這麼一來，你的私生活不就亂七八糟了？」

也就是說，從頭到尾，賭博爲中心話題。

這種警告方式，很容易遭到對方這樣的反駁：「何必管我迷於賭博或

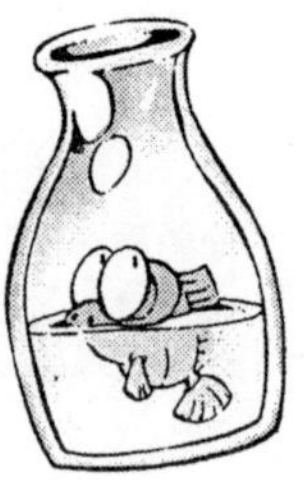

是亂花金錢?這是我的私生活,我不喜歡私生活受到干擾。」

部屬這麼一駁,無能幹部就啞口無言。那些認爲部屬的私生活「絕不能干涉」的幹部,即使明知部屬的私生活,已經嚴重影響到工作,也只會在旁焦慮不安,做個旁觀者而已。

有些幹部,在必須干涉部屬的私生活時,居然抱著「多一事不如少一事」的觀念,隔岸觀火。這種上司爲數頗多,說來這是另一種推卸責任的形態。

46 說公司與上司壞話的幹部——破壞公司形象的傢伙

動不動就嘆說:「唉!做一個企業幹部,實在累死人。」

這種幹部也只能冠以無能幹部的稱呼。

把自己的無能撇在一旁,與部屬喝一杯的時候,趁機借酒發牢騷,大罵公司或是他的上司——就有這種不識大體、不守本份的三流幹部。他們

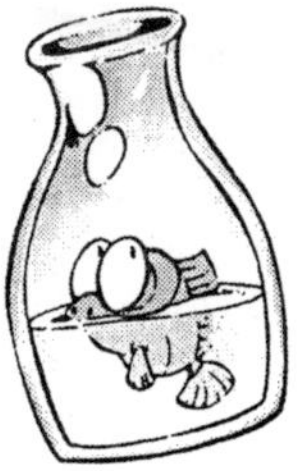

在嘴裏嘆說：

「唉！做一個企業幹部，實在累死人。」

其實，又不是誰硬把他拉進這個行業，還不是他自願進來這家公司？如今，也託公司的栽培，有什麼好埋怨的？

如果，有人問他：「既然說得那麼痛苦，爲什麼不辭職？」

他若無其事地答說：「辭職？打算喝西北風呀？」

託公司之福，可以養家活口，也可以當幹部，既然如此，就要感謝公司栽培的大恩，不該背後數落公司或是上司的不是。

此類型不良幹部，由於能力不足，勇氣毫無，不敢隨便離開目前供職的公司。

有些幹部，雖然沒什麼不滿，卻爲了使自己顯得「了不起」，在部屬面前，把公司、上司罵得體無完膚，狀至得意。

不管動機如何，身爲幹部的人，在部屬（或是第三者）面前，絕不能罵公司、上司。這麼做，只會引起部屬對公司的不信任，同時，對這樣的上司，部屬的印象也好不到那裏。

47 不識英才的幹部——趕快離開他！

某經營顧問公司對一百個企業幹部發出如下的問題：「你對上司的看法如何？」

其中的二十一個，回答說：「我的上司沒有識人之明。」

他們的意思是說：

●上司看重那些善拍馬屁的人。

●上司器重的是不學無術的人。

●雖然工作認真，如果並不顯眼，上司就認爲那個部屬是庸才。

缺乏「觀人之明」、「識才之眼」，這個人就沒資格做幹部，這是顛撲不破的道理。話是這麼說，識人倒是一大學問。不過，幹部至少在這方面要具備「差之不遠」的能力，才說得過去。

每家企業，都有許多幹部，這些幹部當中，的確有「善於觀人」與「拙於識人」的幹部，而且其間差距往往大得驚人。

拙於識人的幹部，會造成對部屬評價不公的結果，成爲部屬不平、不滿的導火線，由此也失去部屬對幹部的信賴。

拙於識人的幹部，通常都犯了下面的過失：

⑴以第一印象而下的判斷，有時候也很準，但是，那是例外的例外。以第一印象來判斷人，最爲不可靠。很多幹部常常使出這一招而全軍皆沒，事後才嘆說：「我一直以爲他是老實人，沒想到原來是個僞裝得很巧妙的大騙子！」

或者怒不可抑的說：「真沒想到他會做出這種情義兩絕的事，我這不是養了狗而被狗咬嗎？」

⑵以外表取人。

服裝邋遢，不修邊幅的人，不一定就是私生活紊亂，或是落魄無依的人。拙於觀人的幹部，常常只從外表看部屬，不以部屬的能力、實力去評價。這就產生如下的現象。

A、雖然不認真工作，但是，在上司面前善於阿諛、逢迎，上司就給他以很高的評價。

B、只要是上司說的話，他就從旁附和，加強氣勢，上司就認爲「孺子可用」而賞識他。

(3)以偏見斷人。

幹部會以偏見斷人，就是先入爲主的觀念作祟之故。例如，看到部屬甲偷懶過一次，他就永遠認定部屬甲是個無可救藥的懶人。

部屬乙對他頂撞過一次，他就永遠認定，部屬乙是個愛反抗、不尊重上司的不良幹部。

這種「標籤」一貼上去，任那個部屬此後再怎麼賣力，業績有多高，也不會撕下那張標籤。

(4)把人格與能力混爲一談。

有些部屬雖然人品至佳，能力卻奇差；有些部屬則人格奇差，但是，能力優異。拙於識人的幹部，卻認爲：

●人品好的部屬，能力一定也不錯。

●人品不佳的部屬，能力一定也很差。

如此混爲一談，因此，常常鬧出笑話。

有幸，在「精於識人」的上司下面做事的部屬，把公司看成溫暖、可靠的地方。

不幸，在「拙於識人」的上司下面做事的部屬，當然就把公司看成冷漠、不可靠的地方。

人員流動率高的企業或是工廠，其原因之一，就是幹部拙於識人，這是身爲上司的人應該謹記於心的事。

48　不關心部屬煩惱的幹部——感性大缺的傢伙

把私人的煩惱搬到上司面前，向上司請假，或是請上司幫忙部屬，可說是少之又少。部屬之所以如此，其主要理由，可以從下面的話，窺知一斑。

●「向上司提出私人的煩惱，很難啓口，這也是原因之一，主要是由於即使向上司請假，上司也無能爲力，這不是白搭嗎？」

●「上司怎麼可能把這種私人的煩惱，當做自己的事，以骨肉至親那種心情來替我們排解？」

企業幹部中的一些人，對部屬私人的煩惱不怎麼關心，之所以如此，原因有二。

其一爲：不想多管閒事。

其二爲：沒有爲部屬化解煩惱的能力。

當然，這些幹部，如果理直氣壯地說：

「我哪有連部屬的私人煩惱也得解決的義務？」

那可就沒輒了。可要知道，這不是義務的問題，而是身爲上司，付出這種關懷也是應該。

部屬在這方面，倒是期待上司能夠積極一些。事實上，能夠爲部屬解決私人煩惱的上司，都很受部屬的信任，對工作效率的提高，也發生了直接、間接的良性作用。

與此相反，對部屬這種期待，置之不理的幹部，部屬就當他是感性大缺的「無情上司」，產生了部屬對上司不信賴、不敬重的惡性作用。

49 沒有效益觀念的幹部——認為薪水不高的傢伙

當有人問企業幹部：

「你的薪水是多少？」

大部份的人都會說出他的基本月薪。如果，又緊接著問：

「你一天的收入，等於多少？」

很多幹部在這個時候都無法「應聲而答」，其中的部份人，倒也懂得把基本月薪除以三十作答。

若是又問每小時的薪水，事先就對這個數目有概念的人，幾乎沒有，遑論每分鐘的薪水了。

當然，不知道這種事，照樣可以當幹部。之所以提出這個問題，是因爲這件事與幹部的「自覺」有關。

先來分析這些幹部回答的內容。

●他們似乎認爲，基本薪資才是薪水。其他的津貼、獎金、各種福利

設施、制度，並不算是「收入」。

其實，他們從公司得到的，有形、無形都合併在內，就有基本薪的三倍左右。從廣義上來解釋，這些都要計算成「薪水」。

●每一天的薪水不該以三十來除，應該以年薪除以三百六十五才對。更嚴格地說，就要從三百六十五天扣除例假、國定假日、年次休假的日數，以其日數來除。如此這般，算到每分鐘領多少薪水，才會恍悟「一分鐘的價值居然那麼高」。

由此也可以了解，自己領的是「高薪」。

也由此可以更進一步了解：自己應該「至少要做薪水的三倍以上的工作」，才問心無愧。這麼一來，才能反省「自己到底有沒有做了三倍於薪水的工作」。換句話說，如果沒做到，他就是無能幹部。

薪水是低或是高，它的判斷基準，也應該放在這個尺度上去衡量。若是沒做三倍於薪水的工作，這個薪水對他來說就是太高；若是做了三倍於薪水的工作，這個薪水對他來說就是太低。

50拉上司做見證人的幹部——沒有自信的傢伙

有些幹部在進行某件工作的時候，由於缺乏說服力，無法說動部屬，立刻就拉上司出來「助陣」。

「經理啦，董事啦，總經理啦，他們都同意我這個方案，要我儘快實施，你們怎麼可以唱反調？」

這種作風，老實說，並不是一個幹部所該有。

時下的年輕部屬，對經理、董事、總經理的權威，還是存著敬意，因此，對課長的話雖然敢於反對，當課長搬出經理、董事、總經理，以他們的權威來「助陣」，部屬們就有「就範」的傾向。

可是，偶爾一用，尚有效果，若是次次如此，等於在部屬面前暴露了自己的無能，實在有考慮的必要。否則，部屬一定說：

「我們這位課長呀，動不動就拉經理、董事、總經理嚇唬我們，他到底有沒有自己的意見呀？」

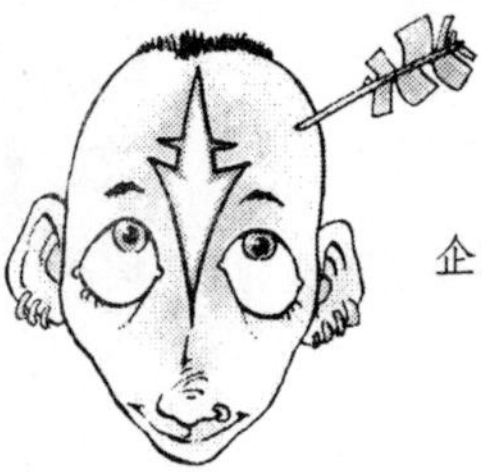

對這樣的上司，部屬很快就會瞧不起他。

在會議上，有一個部屬就曾經耐不住無名火三丈，對他的上司詰問：

「課長每次都說，董事的意見是如何，總經理的意見是如何，只聽到您拿高層幹部的意見來說，可是，請問課長，您的意見呢？我們想知道的是您的意見，不是別人的意見！」

那位課長在眾目睽睽之下，如此被詰問，頓時楞了半天，說不出一句話來。

此類型幹部之所以如此，是因爲對自己的想法缺乏自信，生怕「力不足以服眾」，才拉出其他權威者來壓服部屬。

時下的年輕部屬，都有崇洋的傾向，有些幹部就利用這個弱點，說：

「在美國，○○企業就是實施這種管理方法，才創下了業績四倍遽增的成果，因此，我們也要引進這種新的管理方式……。」

或者說：

「美國經營管理大師○○說過……」

利用這種權威（有時候，是假造的權威），對無能幹部來說，有一個

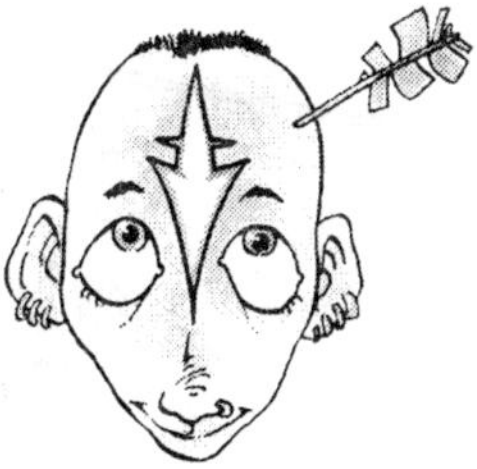

好處，那就是，部屬懾於其權威，很快就接受這個幹部所提的意見，或是方案。

不過，見證人拉得太多，自己從來沒提過像樣的意見或是方案，遲早還是會露出馬腳。

另外，有些無能幹部，還會拉他的同僚做爲見證人，以壯聲勢。譬如說，上司對他的作業方式提出指責的時候，無能幹部就振振有詞地說：「在○○課，也是這麼做的……，同樣的方式做出來的產品，怎麼可能性會不同呢？」

這些作爲，也等於在上司面前，暴露了自己的無能。

51 玩弄「生存意義論」的幹部——強責的傢伙

有些企業幹部嘴裏常掛著「生存的意義」。一般人對「生存的意義」這句話的內含解釋，因年齡的不同而有異，這一點務必先弄清楚。

在企業裏工作的企業人，他們心目中的「生存的意義」，隨著年齡層而不同。也就是說，二十歲、三十四歲、四十歲、五十歲的人，他們心目中的生存意義，各有其貌，不可能雷同。

至於，年輕部屬心目中的生存意義，也因人而異。

有些人在踏入公司的時候，就立了明確的目標，從達成目標的奮鬥過程中，獲得人生的意義。

有些人則毫無目標，隨遇而安。立有目標的人，往往也不時動搖，不時變化。

有些部屬，把與同事們在一起歡笑工作，當做有意義的生活。他們也常常說出下面的話，從中產生「人生有意義，生命可貴」的感受。

- 「被別人感謝的時候，我實在很快樂。」
- 「被上司稱讚的時候，我實在很快樂。」
- 「完成一件很難的事，我就高興萬分。」
- 「跟志氣投合的伙伴一起工作，是我最快樂的事。」
- 「跟朋友聊談將來的事，那時候，我就覺得生命很充實，人生很有

意義。」

換句話說，他們在無意識中對「生存的意義」這件事，也常有感受。也就是說，在「生存意義」之外，感到「生存意義」。

因此，幹部若是特地挑明著說，「你們要有追求生存意義的觀念」，他們反而發生疑惑，不斷問自己：「生存的意義是什麼？」

如此一來，反而有可能喪失他們心目中的生存意義。

人，有時候憤懣難抑，有時候大感滿足，有時候高歌，有時候悲傷，有時候談戀愛，有時候鬧失戀……。在起伏不定的人生中，有如走索人那樣，走著他們自己的人生路途。

在這個過程中，他們不斷成長、成熟……。他們在各種過程中感受了人生、生存的意義。

身爲幹部的人，只要以溫暖的心，關懷的眼光注視他們這些成長的過程即可。

當部屬成長到某個階段，他們自然而然就會發現自己生存的意義。

生存的意義，必須由自己去發現，旁人叫他追求怎樣的生存意義，怎

樣的人生觀，那是不可能說有就有的。其實，要部屬「追求人生意義」的上司本身，是不是也有他在追求的人生意義呢？

如果答案是沒有，那麼，要部屬去追求人生意義，豈不成了毫無意義的事？

幹部應該重視的，倒是替部屬造出「更能愉快工作的環境」。

人，一方面有「輕鬆快樂地玩著過日」的慾望，另一方面也有「做些有意義的工作」的慾望。

一方面有「不必太費力就產生效率」的慾望，另一方面又有「全力發揮才能、技能」的慾望。

這兩種慾望獲得平衡的時候，他在生活工作中就感到舒適、愉快。生存的意義，自然就從中顯現。

無能幹部卻只強調從工作方面去追求生存意義，因此，很不容易使部屬的兩種慾望獲得平衡。這就破壞了部屬的情緒，他們無法從生活中、工作中感到舒適、愉快。如此情況下去談生存意義，就變得毫無意義了。

大展出版社有限公司
品冠文化出版社

圖書目錄

地址：台北市北投區(石牌)
致遠一路二段 12 巷 1 號
郵撥：01669551＜大展＞
電話：(02) 28236031
28236033
傳真：(02) 28272069

・少年偵探・品冠編號 66

1. 怪盜二十面相	（精）	江戶川亂步著	特價 189 元
2. 少年偵探團	（精）	江戶川亂步著	特價 189 元
3. 妖怪博士	（精）	江戶川亂步著	特價 189 元
4. 大金塊	（精）	江戶川亂步著	特價 230 元
5. 青銅魔人	（精）	江戶川亂步著	特價 230 元
6. 地底魔術王	（精）	江戶川亂步著	特價 230 元
7. 透明怪人	（精）	江戶川亂步著	特價 230 元
8. 怪人四十面相	（精）	江戶川亂步著	特價 230 元
9. 宇宙怪人	（精）	江戶川亂步著	特價 230 元
10. 恐怖的鐵塔王國	（精）	江戶川亂步著	特價 230 元
11. 灰色巨人	（精）	江戶川亂步著	特價 230 元
12. 海底魔術師	（精）	江戶川亂步著	特價 230 元
13. 黃金豹	（精）	江戶川亂步著	特價 230 元
14. 魔法博士	（精）	江戶川亂步著	特價 230 元
15. 馬戲怪人	（精）	江戶川亂步著	特價 230 元
16. 魔人銅鑼	（精）	江戶川亂步著	特價 230 元
17. 魔法人偶	（精）	江戶川亂步著	特價 230 元
18. 奇面城的秘密	（精）	江戶川亂步著	特價 230 元
19. 夜光人	（精）	江戶川亂步著	
20. 塔上的魔術師	（精）	江戶川亂步著	
21. 鐵人Q	（精）	江戶川亂步著	
22. 假面恐怖王	（精）	江戶川亂步著	
23. 電人M	（精）	江戶川亂步著	
24. 二十面相的詛咒	（精）	江戶川亂步著	
25. 飛天二十面相	（精）	江戶川亂步著	
26. 黃金怪獸	（精）	江戶川亂步著	

・生 活 廣 場・品冠編號 61・

1. 366 天誕生星	李芳黛譯	280 元
2. 366 天誕生花與誕生石	李芳黛譯	280 元

3.	科學命相	淺野八郎著	220 元
4.	已知的他界科學	陳蒼杰譯	220 元
5.	開拓未來的他界科學	陳蒼杰譯	220 元
6.	世紀末變態心理犯罪檔案	沈永嘉譯	240 元
7.	366 天開運年鑑	林廷宇編著	230 元
8.	色彩學與你	野村順一著	230 元
9.	科學手相	淺野八郎著	230 元
10.	你也能成為戀愛高手	柯富陽編著	220 元
11.	血型與十二星座	許淑瑛編著	230 元
12.	動物測驗—人性現形	淺野八郎著	200 元
13.	愛情、幸福完全自測	淺野八郎著	200 元
14.	輕鬆攻佔女性	趙奕世編著	230 元
15.	解讀命運密碼	郭宗德著	200 元
16.	由客家了解亞洲	高木桂藏著	220 元

・女醫師系列・品冠編號 62

1.	子宮內膜症	國府田清子著	200 元
2.	子宮肌瘤	黑島淳子著	200 元
3.	上班女性的壓力症候群	池下育子著	200 元
4.	漏尿、尿失禁	中田真木著	200 元
5.	高齡生產	大鷹美子著	200 元
6.	子宮癌	上坊敏子著	200 元
7.	避孕	早乙女智子著	200 元
8.	不孕症	中村春根著	200 元
9.	生理痛與生理不順	堀口雅子著	200 元
10.	更年期	野末悅子著	200 元

・傳統民俗療法・品冠編號 63

1.	神奇刀療法	潘文雄著	200 元
2.	神奇拍打療法	安在峰著	200 元
3.	神奇拔罐療法	安在峰著	200 元
4.	神奇艾灸療法	安在峰著	200 元
5.	神奇貼敷療法	安在峰著	200 元
6.	神奇薰洗療法	安在峰著	200 元
7.	神奇耳穴療法	安在峰著	200 元
8.	神奇指針療法	安在峰著	200 元
9.	神奇藥酒療法	安在峰著	200 元
10.	神奇藥茶療法	安在峰著	200 元
11.	神奇推拿療法	張貴荷著	200 元
12.	神奇止痛療法	漆浩　著	200 元

・彩色圖解保健・品冠編號 64

1. 瘦身　主婦之友社　300 元
2. 腰痛　主婦之友社　300 元
3. 肩膀痠痛　主婦之友社　300 元
4. 腰、膝、腳的疼痛　主婦之友社　300 元
5. 壓力、精神疲勞　主婦之友社　300 元
6. 眼睛疲勞、視力減退　主婦之友社　300 元

・心 想 事 成・品冠編號 65

1. 魔法愛情點心　結城莫拉著　120 元
2. 可愛手工飾品　結城莫拉著　120 元
3. 可愛打扮 & 髮型　結城莫拉著　120 元
4. 撲克牌算命　結城莫拉著　120 元

・熱 門 新 知・品冠編號 67

1. 圖解基因與 DNA　（精）　中原英臣 主編　230 元

法律專欄連載・大展編號 58

台大法學院　法律學系／策劃
法律服務社／編著

1. 別讓您的權利睡著了(1)　200 元
2. 別讓您的權利睡著了(2)　200 元

・名師出高徒・大展編號 111

1. 武術基本功與基本動作　劉玉萍編著　200 元
2. 長拳入門與精進　吳彬　等著　220 元
3. 劍術刀術入門與精進　楊柏龍等著　220 元
4. 棍術、槍術入門與精進　邱丕相編著　220 元
5. 南拳入門與精進　朱瑞琪編著　220 元
6. 散手入門與精進　張　山等著　220 元
7. 太極拳入門與精進　李德印編著　280 元
8. 太極推手入門與精進　田金龍編著　220 元

・實用武術技擊・大展編號 112

1. 實用自衛拳法　溫佐惠著　250 元
2. 搏擊術精選　陳清山等著　220 元

3.	秘傳防身絕技	程崑彬著	230 元
4.	振藩截拳道入門	陳琦平著	220 元

・中國武術規定套路・大展編號 113

1.	螳螂拳	中國武術系列	300 元
2.	劈掛拳	規定套路編寫組	300 元
3.	八極拳		

・中華傳統武術・大展編號 114

1.	中華古今兵械圖考	裴錫榮主編	280 元
2.	武當劍	陳湘陵編著	200 元

・武術特輯・大展編號 10

1.	陳式太極拳入門	馮志強編著	180 元
2.	武式太極拳	郝少如編著	200 元
3.	練功十八法入門	蕭京凌編著	120 元
4.	教門長拳	蕭京凌編著	150 元
5.	跆拳道	蕭京凌編譯	180 元
6.	正傳合氣道	程曉鈴譯	200 元
7.	圖解雙節棍	陳銘遠著	150 元
8.	格鬥空手道	鄭旭旭編著	200 元
9.	實用跆拳道	陳國榮編著	200 元
10.	武術初學指南	李文英、解守德編著	250 元
11.	泰國拳	陳國榮著	180 元
12.	中國式摔跤	黃　斌編著	180 元
13.	太極劍入門	李德印編著	180 元
14.	太極拳運動	運動司編	250 元
15.	太極拳譜	清・王宗岳等著	280 元
16.	散手初學	冷　峰編著	200 元
17.	南拳	朱瑞琪編著	180 元
18.	吳式太極劍	王培生著	200 元
19.	太極拳健身與技擊	王培生著	250 元
20.	秘傳武當八卦掌	狄兆龍著	250 元
21.	太極拳論譚	沈　壽著	250 元
22.	陳式太極拳技擊法	馬　虹著	250 元
23.	二十四式 三十二式 太極 拳 劍	闞桂香著	180 元
24.	楊式秘傳 129 式太極長拳	張楚全著	280 元
25.	楊式太極拳架詳解	林炳堯著	280 元
26.	華佗五禽劍	劉時榮著	180 元
27.	太極拳基礎講座：基本功與簡化 24 式	李德印著	250 元

28. 武式太極拳精華	薛乃印著	200 元
29. 陳式太極拳拳理闡微	馬　虹著	350 元
30. 陳式太極拳體用全書	馬　虹著	400 元
31. 張三豐太極拳	陳占奎著	200 元
32. 中國太極推手	張　山主編	300 元
33. 48 式太極拳入門	門惠豐編著	220 元
34. 太極拳奇人奇功	嚴翰秀編著	250 元
35. 心意門秘籍	李新民編著	220 元
36. 三才門乾坤戊己功	王培生編著	220 元
37. 武式太極劍精華 +VCD	薛乃印編著	350 元
38. 楊式太極拳	傅鐘文演述	200 元
39. 陳式太極拳、劍 36 式	闞桂香編著	250 元
40. 正宗武式太極拳	薛乃印著	220 元
41. 杜元化＜太極拳正宗＞考析	王海洲等著	300 元
42. ＜珍貴版＞陳式太極拳	沈家楨著	280 元
43. 24 式太極拳＋VCD	中國國家體育總局著	350 元
44. 太極推手絕技	安在峰編著	250 元
45. 孫祿堂武學錄	孫祿堂著	300 元
46. ＜珍貴本＞陳式太極拳精選	馮志強著	280 元
47. 武當趙保太極拳小架	鄭悟清傳授	250 元

・原地太極拳系列・大展編號 11

1. 原地綜合太極拳 24 式	胡啟賢創編	220 元
2. 原地活步太極拳 42 式	胡啟賢創編	200 元
3. 原地簡化太極拳 24 式	胡啟賢創編	200 元
4. 原地太極拳 12 式	胡啟賢創編	200 元

・道學文化・大展編號 12

1. 道在養生：道教長壽術	郝　勤等著	250 元
2. 龍虎丹道：道教內丹術	郝　勤著	300 元
3. 天上人間：道教神仙譜系	黃德海著	250 元
4. 步罡踏斗：道教祭禮儀典	張澤洪著	250 元
5. 道醫窺秘：道教醫學康復術	王慶餘等著	250 元
6. 勸善成仙：道教生命倫理	李　剛著	250 元
7. 洞天福地：道教宮觀勝境	沙銘壽著	250 元
8. 青詞碧簫：道教文學藝術	楊光文等著	250 元
9. 沈博絕麗：道教格言精粹	朱耕發等著	250 元

・易學智慧・大展編號 122

1. 易學與管理	余敦康主編	250 元

2.	易學與養生	劉長林等著	300元
3.	易學與美學	劉綱紀等著	300元
4.	易學與科技	董光壁著	280元
5.	易學與建築	韓增祿著	280元
6.	易學源流	鄭萬耕著	280元
7.	易學的思維	傅雲龍等著	250元
8.	周易與易圖	李　申著	250元

・神算大師・大展編號 123

1.	劉伯溫神算兵法	應　涵編著	280元
2.	姜太公神算兵法	應　涵編著	280元
3.	鬼谷子神算兵法	應　涵編著	280元
4.	諸葛亮神算兵法	應　涵編著	280元

・秘傳占卜系列・大展編號 14

1.	手相術	淺野八郎著	180元
2.	人相術	淺野八郎著	180元
3.	西洋占星術	淺野八郎著	180元
4.	中國神奇占卜	淺野八郎著	150元
5.	夢判斷	淺野八郎著	150元
6.	前世、來世占卜	淺野八郎著	150元
7.	法國式血型學	淺野八郎著	150元
8.	靈感、符咒學	淺野八郎著	150元
9.	紙牌占卜術	淺野八郎著	150元
10.	ESP 超能力占卜	淺野八郎著	150元
11.	猶太數的秘術	淺野八郎著	150元
12.	新心理測驗	淺野八郎著	160元
13.	塔羅牌預言秘法	淺野八郎著	200元

・趣味心理講座・大展編號 15

1.	性格測驗	探索男與女	淺野八郎著	140元
2.	性格測驗	透視人心奧秘	淺野八郎著	140元
3.	性格測驗	發現陌生的自己	淺野八郎著	140元
4.	性格測驗	發現你的真面目	淺野八郎著	140元
5.	性格測驗	讓你們吃驚	淺野八郎著	140元
6.	性格測驗	洞穿心理盲點	淺野八郎著	140元
7.	性格測驗	探索對方心理	淺野八郎著	140元
8.	性格測驗	由吃認識自己	淺野八郎著	160元
9.	性格測驗	戀愛知多少	淺野八郎著	160元
10.	性格測驗	由裝扮瞭解人心	淺野八郎著	160元

11.	性格測驗　敲開內心玄機	淺野八郎著	140 元
12.	性格測驗　透視你的未來	淺野八郎著	160 元
13.	血型與你的一生	淺野八郎著	160 元
14.	趣味推理遊戲	淺野八郎著	160 元
15.	行為語言解析	淺野八郎著	160 元

・婦 幼 天 地・大展編號 16

1.	八萬人減肥成果	黃靜香譯	180 元
2.	三分鐘減肥體操	楊鴻儒譯	150 元
3.	窈窕淑女美髮秘訣	柯素娥譯	130 元
4.	使妳更迷人	成　玉譯	130 元
5.	女性的更年期	官舒妍編譯	160 元
6.	胎內育兒法	李玉瓊編譯	150 元
7.	早產兒袋鼠式護理	唐岱蘭譯	200 元
8.	初次懷孕與生產	婦幼天地編譯組	180 元
9.	初次育兒 12 個月	婦幼天地編譯組	180 元
10.	斷乳食與幼兒食	婦幼天地編譯組	180 元
11.	培養幼兒能力與性向	婦幼天地編譯組	180 元
12.	培養幼兒創造力的玩具與遊戲	婦幼天地編譯組	180 元
13.	幼兒的症狀與疾病	婦幼天地編譯組	180 元
14.	腿部苗條健美法	婦幼天地編譯組	180 元
15.	女性腰痛別忽視	婦幼天地編譯組	150 元
16.	舒展身心體操術	李玉瓊編譯	130 元
17.	三分鐘臉部體操	趙薇妮著	160 元
18.	生動的笑容表情術	趙薇妮著	160 元
19.	心曠神怡減肥法	川津祐介著	130 元
20.	內衣使妳更美麗	陳玄茹譯	130 元
21.	瑜伽美姿美容	黃靜香編著	180 元
22.	高雅女性裝扮學	陳珮玲譯	180 元
23.	蠶糞肌膚美顏法	梨秀子著	160 元
24.	認識妳的身體	李玉瓊譯	160 元
25.	產後恢復苗條體態	居理安・芙萊喬著	200 元
26.	正確護髮美容法	山崎伊久江著	180 元
27.	安琪拉美姿養生學	安琪拉蘭斯博瑞著	180 元
28.	女體性醫學剖析	增田豐著	220 元
29.	懷孕與生產剖析	岡部綾子著	180 元
30.	斷奶後的健康育兒	東城百合子著	220 元
31.	引出孩子幹勁的責罵藝術	多湖輝著	170 元
32.	培養孩子獨立的藝術	多湖輝著	170 元
33.	子宮肌瘤與卵巢囊腫	陳秀琳編著	180 元
34.	下半身減肥法	納他夏・史達賓著	180 元
35.	女性自然美容法	吳雅菁編著	180 元
36.	再也不發胖	池園悅太郎著	170 元

國家圖書館出版品預行編目資料

企業不良幹部群相／黃琪輝編著
－－初版－臺北市，大展，民 91
面；21 公分－（成功秘笈；1）
ISBN 957-468-165-3（精裝）
1. 人事管理
494.3　　　91015897

企業不良幹部群相

ISBN 957-468-165-3

編　　者／黃　琪　輝
發 行 人／蔡　森　明
出 版 者／大展出版社有限公司
社　　址／台北市北投區（石牌）致遠一路 2 段 12 巷 1 號
電　　話／(02) 28236031・28236033・28233123
傳　　真／(02) 28272069
郵政劃撥／01669551
E-mail／dah_jaan @yahoo.com.tw
登 記 證／局版臺業字第 2171 號
承 印 者／國順圖書印刷公司
裝　　訂／源太裝訂實業有限公司
排 版 者／千兵企業有限公司
初版 1 刷／2002 年（民 91 年） 11月

定　價／230 元